PRACTICAL MANUAL OF
CIVIL CONSTRUCTION INSTALLATION
ENGINEERING

俞洪伟 杨肖杭 包晓琴◉编

民用建筑安装工程实用手册

ZHEJIANG UNIVERSITY PRESS
浙江大学出版社

图书在版编目（CIP）数据

民用建筑安装工程实用手册 / 俞洪伟，杨肖杭，包晓琴编．—杭州：浙江大学出版社，2019.1

ISBN 978-7-308-18927-9

Ⅰ．①民… Ⅱ．①俞… ②杨… ③包… Ⅲ．①民用建筑－建筑安装－手册 Ⅳ．①TU24-62

中国版本图书馆 CIP 数据核字 (2019) 第 000607 号

民用建筑安装工程实用手册

俞洪伟　杨肖杭　包晓琴　编

责任编辑 候鉴峰
责任校对 梁　容
封面设计 雷建军
出版发行 浙江大学出版社
（杭州市天目山路 148 号 邮政编码 310007）
（网址：http://www.zjupress.com）
排　　版 杭州中大图文设计有限公司
印　　刷 浙江省邮电印刷股份有限公司
开　　本 787mm×1092mm　1/16
印　　张 15.75
字　　数 403 千
版 印 次 2019 年 1 月第 1 版　2019 年 1 月第 1 次印刷
书　　号 ISBN 978-7-308-18927-9
定　　价 120.00 元

浙江大学出版社市场运营中心联系方式：0571-88925591;http：//zjdxcbs.tmall.com

编委会名单

前　言

质量是施工企业发展的基石，安全是施工企业生存的根本。它们相互关联，共同决定着施工企业的兴衰成败。一个没有安全生产环境的施工企业无法立足于社会，一个没有优良产品质量的施工企业无法在日益激烈的市场竞争中脱颖而出，更无发展壮大的可能性。

质量和安全代表施工企业的形象，是施工企业的生命所在，任何施工企业要有好的效益，都必须有一定的质量和安全标准。一旦质量和安全没有保障，施工企业便将走向亏损甚至破产。我们每个人都应该认识到质量和安全的重要性，它不仅担负着每一个作业人员的生命安全，而且承担着施工企业生存的重任。

安全工作是所有施工企业的头等大事，做好安全工作需要大家的共同努力。项目经理在安全工作中起着承上启下的决定性作用。项目经理如果认真负责，大胆管理，认真贯彻执行安全法规条例，合理部署项目施工现场安全防范工作且常态化进行检查整改，项目施工安全必然能得到保证，施工企业的安全工作也就会落实到位。

技术管理具有超前性、规划性和指导性，它是施工企业质量和安全的基础和保障。质量安全事故，特别是重大、特大事故的发生，大多由施工企业生产中某个环节或某些人员的失误造成，其中，技术管理上出现漏洞或者管理不到位，往往是造成事故的一个主要因素。如果技术管理不到位，生产过程中就会存在相应的质量和安全管理问题，到那时施工企业就会像一台年久失修的客车，既不能达到车辆本身的质量要求，也不能保证行车质量，更不能保证驾车、乘车人员的人身安全。因此，加强技术管理工作，提高技术管理水平，改善施工企业质量安全技术面貌，对企业生产具有重要意义。

本书出版的目的，是借助实用性的图表帮助建筑安装施工企业在所属项目工程施工过程中做好项目技术、质量、安全管理工作，逐步实现标准化的项目施工现场管理，实现企业快速、健康发展，用自己的实际行动精心制作公司质量安全“名片”，为公司发展添砖加瓦。

目　录

1 安装项目管理基本要求

1.1 项目管理基本要求

工程项目是施工企业的“窗口”、生产和管理的基点、经济效益的源泉。以工程项目管理为中心，提高项目的运作质量，是施工企业生存和发展永恒的主题。

现在的建筑安装工程，往往投入成本高、参与人员多、质量要求高、施工难度大，对施工人员的技术及企业的管理水平提出了更高的要求。要通过项目管理的控制和协调，加强对各个专业人员的合理分配，确保施工安全、高效地推进。在此过程中，施工人员、管理人员、技术人员之间的配合也将变得更加默契，团队合作能力将得到提升。有效地实施项目管理，能够实现项目人力资源配置的最优化目标，从而促使施工队伍的专业技术水平不断提高。

施工质量不仅影响着工程的验收，还关系竣工交付后的使用，只有加强项目的质量与进度管理，才能确保工程按着预定目标又好又快地推进。项目管理者可以凭借专业的经验和技术水平，对建筑安装工程的质量与进度进行事先规划，确保施工有效推进。在项目管理中，项目管理者通过对施工过程的监督检查，将其与规划方案进行对比，发现问题，查找原因，制定整改措施，促使工程与规划标准要求相一致，确保工程质量与进度符合规范及业主方要求。

建筑安装工程均具有一定的安全风险，安全管理不到位，将导致工程安全事故，造成巨大的经济损失，甚至是人员伤亡。通过项目管理，加强过程监督、控制，能够及时发现安全隐患，再采取预防控制措施，从而确保工程安全进行。

综上所述，项目管理的重要性已非常明确。各施工企业的组织机构虽然各有不同，其项目管理办法也不尽相同，但其项目管理的基本要求大同小异。

1.1.1 中标（承接）项目资料移交

公司经营中心向工程管理中心移交中标（承接）项目资料时，移交资料需包含项目合同、中标通知书、招投标文件、招标答疑、预算清单（商务标、技术标）及相关书面和口头承诺等资料，以及总包已替代施工部分的图纸会审记录（如总包已施工的管路预埋部分的图纸会审记录），以便工程管理中心制定项目实施方案并予以落实。

1.1.2 安全管理

1. 项目部应按国家及项目所在地省市相关工程施工安全管理要求，结合公司相关安全管理制度、办法、措施等，做好项目安全管理工作。

2. 项目部应建立健全项目安全管理台账，台账内容应包含（但不完全是）安全管理及检查制度、施工人员信息表、安全教育记录、安全交底记录、安全检查记录、施工用电检查记录、安全事故应急预案及预案演练记录等（具体见第 1.2 节）。

3. 项目部应与员工签订安全生产、文明施工协议书（具体见附件 13）。

1.1.3 质量管理

1. 项目部应按国家及项目所在地省市相关工程施工质量管理要求，结合公司相关质量管理制度、办法、措施等，做好项目施工质量管理工作。

2. 强化质量意识，树立公司品牌。严格按施工图、工程联系单、图纸会审纪要等设计文件及国家规范、标准组织施工。做到管线布置优化设计，设备安装精心施工，技术资料填写收集归档进度与施工进度同步，注重成品保护，做好施工过程中的协调工作（具体见第 1.3 节）。

3. 在确保安装内在质量的基础上，提升安装各专业的观感质量。优先采用综合支架，支架形式统一；管线横平竖直，走向合理；管线介质、流向及设备标识按规范要求统一设计，做到清晰醒目，符合设计及规范要求。

4. 落实三检制度（自检、专检、交接检），加强工序质量，做好质量通病的防治工作，确保施工质量。

5. 工程竣工前，按国家有关施工与验收规范及项目所在地相关标准进行全面检查，必要时可请行业专家参与检查，对不足之处进行整改。

6. 工程竣工后，按时整理并归档竣工资料，同时做好项目管理与施工总结，积累经验，提升自我。

1.1.4 施工日记

施工日记是项目施工全过程的真实写照，是施工过程中最重要的文件之一，也是质量事故、安全事故原因分析的依据之一，必须按时按实填写，内容应包括出勤人员、工作部位及内容、联系单、安全检查单、质量检查单、材料进出记录、例会情况、安全交底记录等。

1.1.5 材料、仓库的管理

1. 项目部在施工前应依据图纸、预算（投标材料与设备清单）全面进行材料汇总，核对材料的偏差量、漏项等合同内的问题，提交工程部备案，工程部协助项目部与成本运行中心核对调整并录入，做好项目成本控制。

2. 项目部应按施工要求、施工进度上报（或采购）现场所需的各种材料、设备，并提前签订合同。项目部应提前 2 周上报项目必需的材料或设备，上报的数量应准确无误，针对超出预算的材料应有增加工程量的施工联系单，或有特殊说明。上报材料时应尽量减少仓库库存和避免浪费现象。

3. 工程管理部门对项目部上报的材料应及时审核和上报，对项目部的多报、乱报现象应予以制止，及时跟踪施工进度及材料使用情况，把有关情况及时反馈到相关部门和主管领导处。各部门的审核时间不得超过 2 天，审核后应及时上报，不得无故拖延。

4. 采购部门根据经审核的上报材料清单应及时采购材料，对超出预算的材料应有追溯权，对采购的材料的最终质量应负责，所采购的材料、设备应符合相关质量要求，要及时向项目部提供材料、设备的合格证、检验报告、3C 认证书等资料，未列入 3C 认证的消防产品应提供国家相应检测机构的型式检验报告，所提供的书面材料应有供货厂家或供货商的公章。

5. 项目部对采购的材料应及时清点数量，核对型号规格，并及时上报监理单位。针对不符合施工现场要求的材料、设备应及时提出异议，并提出合理的处理方法；在材料清点完毕后，进行确认，确认后要对以后的材料保管负责。

6. 材料、设备进场后应及时入库，并建立材料台账，妥善保管好各类材料。对入库的材料应分类堆放，标明批次、产地、入库时间、规格型号。对易燃易爆、防潮、易碎等材料和设备还应做好各种防护工作。机具设备应摆放整齐、有序，标识清楚，保养完好。

7. 材料采购审批流程图

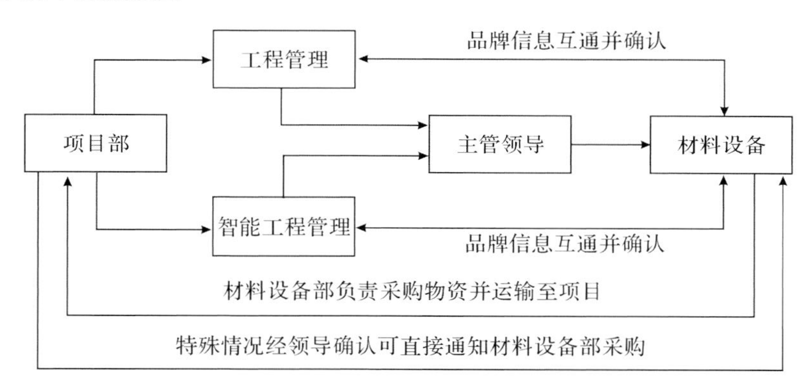

材料采购审批流程图

1.1.6　资料及工程交工管理

1. 各工程项目应按工程进度，准备好隐蔽工程验收、检验批、安装记录等工程资料，资料全部用 A4 纸打印。

2. 表格填写字迹应清晰，填写内容要规范，日期要与施工进度匹配，签字应符合要求，不得由他人代签。

3. 施工资料整理要符合安装工程分部分项的划分规定：消火栓系统与安装的室内给水系统合并，自动喷水灭火系统单独为一个分部分项工程，防排烟系统和通风与空调系统合并，自动报警系统与联动系统和智能建筑系统的资料合并，应急照明与疏散指示系统和电气照明系统合并。对消防验收资料，可根据消防工程的特殊性，单独汇总上报到消防主管部门。

4. 装订施工资料前，将资料报工程部进行审核，经审核后的资料按规范及项目所在地城市档案馆具体要求的样板格式装订。

5. 工程竣工后，由项目经理上报工程竣工自检申报表，交工程部。由工程管理部门组织技术人员，对工程进行预验收，未通过预验收的项目应立即组织整改，不得上报项目监理部门及业主方进行验收。

6. 通过工程竣工验收后，施工资料应及时办理移交至档案室及当地建筑管理部门进行备案。工程决算审计后，附决算审核资料报公司财务存档。

7. 消防工程备案资料目录。

1）开工、竣工报告。

2）材料、设备进场检验、试验报告。

3）隐蔽工程验收记录。

4）分部分项工程施工及验收记录。

5）分部分项工程运行测试记录。

6）消防设施及电气安全检测报告。

7）建筑工程审核意见书。

8）建筑工程验收合格意见书。

9）火灾自动报警、联动系统地址对照表（电子档和文本格式各一份）。

10）竣工图（带报警系统点位图）。

11）交工验收证书。

12）竣工结算报告（审计报告）。

13）质保期满后双方的移交手续表。

1.1.7 企业形象管理

1. 施工人员统一着工作服、戴有企业标识的安全帽。

2. 项目部办公室门口应挂好标牌（××工程××项目部），办公室里应悬挂企业宗旨、企业方针、安全管理与质量管理网络图、项目经理职责等图和牌。公司直管工程项目部的办公室标牌等由公司工程管理中心统一发放，其他项目部可参照样板自行采购。

3. 项目部应根据甲方、总包制订的施工总计划制订自己的施工计划表（按楼幢、分项制表）。

4. 办公室内部应做到清洁卫生、办公桌摆放整齐、文件资料编排有序、图纸堆放整齐。

5. 办公室内应配置电脑、打印机、复印机、传真机、路由器、饮水机等办公设备，保证网络信号。

6. 在有条件的情况下，施工现场外墙应悬挂企业徽章、企业标横（条）幅。

7. 标牌、工作服、安全帽的采购方式。

1）自行订购：根据公司确定的样式、内容，项目部在当地自行订购。

2）委托公司工程管理中心进行采购。

3）工作服及安全帽要坚固耐用，有行业合格标志。

4）工作服及安全帽上应有公司标志。

1.1.8　财务部对项目部的具体要求

1. 申领材料、设备款项应有相应增值税专用发票；申领工人工资款项应有项目作业人员出工考勤表及相应银行卡号。

2. 要求项目经理确认材料、设备款已打入提供发票的材料商账户上。

3. 财务若收到假发票，将按公司合同规定对假发票提供者进行处罚。

1.1.9　工程管理中心对项目部的具体要求

1. 材料、设备

项目部进场后应及时提供本工程所需的材料、设备初步清单报材料部备案，材料部以此备案为依据在后续采购及发货时参考。需提前订货的设备应提前一个月提出申购并确定供货日期。

2. 安装要求

大面积安装开始前应样板先行，待样板获得业主方、监理和公司工程部认可后方可大面积安装，一般条件下风管应先于水系统安装。

3. 进度款

1）项目部应根据工程进度、合同规定及时向建设单位申领工程进度款，同时上报工程管理中心，工程管理中心应及时提供帮助，参与相关的沟通工作；

2）项目部向公司申领工程款时应上报每月工程进度，做到不重报、不多报（如多次发现重报、多报，进度款的支付比例将减少）。

4. 联系单签证

项目部在与业主方签证联系单时，应明确签证的工作内容、工程数量、单价的套用（有条件时可根据预算确定计算方法及最终合价），请监理及业主方对此三项内容予以明确。不能出现“上述工程量以审计为准”或类似的结论，避免此类联系单在后期结算中带来的不便及损失。

5. 建立项目部详细的工程施工成本台账（人工、材料、其他费用），每季度与财务核实

6. 结算资料

工程竣工后，项目部应及时提供工程决算清单、联系单、竣工图纸等相关资料供决算部门做最后决算。结算资料如下。

1）开工、竣工报告。

2）联系单及变更单。

3）承包合同（补充协议等）。

4）工程决算清单。

5）竣工图纸（含竣工章、设计变更部位的修改图并注明变更依据、超过原图 2/3 的变更应请设计院重新出图）。

6）提供财务每次拨付进度款的数据（注明时间、有财务人员签名）。

7）在施工过程中与业主方签订的其他有关的商务性文件。

7. 其他

1）在施工过程中发现合同工程量与实际工程量不符等情况时，及时与工程管理中心联系，以便及时采取补救措施，降低损失。

2）针对重点工程（国家级、省级、市级等工程）或合同要求的“创杯”工程，项目部应编制创优计划，上报公司总师办审批，组织施工人员培训学习，必要时组织施工人员到优质工程施工现场观摩学习。

3）所有施工人员必须购买意外伤害保险。

1.1.10 安全质量大检查

公司将定期或不定期派出安全质量检查小组，对公司所属项目部进行安全文明施工、施工质量管理、项目部日常管理等工作检查。检查小组由公司抽调业务骨干、相关部门领导和技术人员组成。检查小组在检查期间行使公司领导授予的处罚、奖励、责令整改、停工整改等各项权力。对严重违背企业管理规定、对工作敷衍了事、不重视安全管理、对检查提出的问题屡教不改，以及由于个人主观原因对企业的声誉造成负面影响的项目部，可建议公司处以警告、处分、责令整改、罚款，问题严重的建议公司取消其承包资格和经营权限等。

1. 检查内容

1）检查分公司及项目部品牌意识

①检查分公司、项目部企徽、企标、宣传牌及员工统一着装。

②检查分公司、项目部质量目标、安全目标、企业宗旨、质量方针、责任制上墙公示情况。

③检查项目部安全领导小组、质量管理体系人员名单上墙公示情况。

2）项目部资料的检查

①检查施工项目资料（隐蔽工程验收资料、施工组织设计或方案、检验批、技术交底等）。

②检查项目安全资料（三级安全教育、劳动协议、施工日记、安全交底、工程自检等）。

3）检查项目部施工安全环境及文明施工

①检查宿舍内是否有电线乱拉乱接、违规使用大功率电器及其他有安全隐患的现象。

②检查项目部重点场所（仓库、宿舍、办公区、加工区、动火区等）是否正确配备灭火器。

③检查项目部临时用电情况（严禁乱拉、乱接等现象发生）。

④检查项目部施工人员安全帽、工作服穿戴情况，高空作业人员系安全带情况。

⑤检查项目部文明施工和标准化管理措施的落实情况。

⑥检查项目部仓库物资的进出库程序及储存保管情况。

⑦检查项目部加工场地文明作业的情况。

4）施工质量管理的检查

① 检查项目部施工质量是否符合国家现行规范及设计要求，施工人员施工水平及工艺水平，工序的质量控制是否到位等。

② 检查项目部质量通病有效控制的情况。

2. 检查和评定方法

检查小组依照《安全质量检查评价表》，对文明施工、安全管理、仓库管理和资料管理等逐一检查。对检查的项目进行综合评价，针对不符合要求的项目开具整改报告。公司将按检查结果和整改情况，依据公司《文明安全生产处罚条例》进行处罚，对安全管理、质量管理综合评价优秀的项目部给予奖励。

对表现突出的分公司、项目部和个人，可提名参与公司年底表彰会的评优活动；将工程质量优秀的项目推荐为市级、省级、国家级创优候选项目，创优成功将按公司相关规定予以奖励。

1.2　项目安全管理基本要求

施工必须安全，安全为了施工，做好施工安全管理工作，实现安全生产是工程施工的核心，是工程能够顺利进行的基础，是获得效益的前提和保障。因此，加强工程施工过程中的安全管理工作，以及抓好安全管理工作是工程施工管理中的重中之重。安全管理工作包括：建立各级安全领导机构，编制施工组织设计及专项施工方案，遵守安全教育培训制度、施工安全技术交底制度等，进行施工现场管理，坚持持证上岗，为施工人员购买意外伤害保险，以及建立应急救援制度。

1.2.1　建立各级安全领导机构

建立以项目经理为首的安全生产领导小组。项目经理是第一责任人，建立各级人员的安全生产责任制度，明确各级人员的责任，在各自管理范围内要求安全生产，同时要求项目部必须与员工签订安全生产责任书（见附件 21）。

项目部应把安全生产领导小组名单上墙，包括其成员姓名及联络方式，便于项目现场突发事件或应急事件发生时及时报告。

1.2.2　编制施工组织设计及专项施工方案

项目应编制适用的施工组织设计和施工方案，预测各个施工阶段、施工环节存在的危险源，制定危险源控制及预防措施，完善审核、审批手续。

1.2.3　遵守安全教育培训制度

安全教育是一项长期的工作，必须根据不同的时间，不同的环境，不同的专业制定安全教育内容，采用集中培训与个人自学相结合的方式对人员进行教育，学习后必须考试。对于新进场作业的施工人员，必须组织公司（分公司）、项目部、班组三级安全教育，具体要求：公司（分公司）对新员工进行不少于 15 小时的安全教育（公司级安全教育在劳务公司进行），主要内容为国家有关安全生产的法规、施工安全规范、企业安全规章制度、企业安全生产的教训（安全事故案例）及经验等；项目部对新员工进行不少于 15 小时的安全教育，主要内容为项目所在地政府对安全生产的相关规定、项目部制定的安全规章制度、项目特点、项目危险区域及危险源、施工作业个人保护措施等；班组对新员工进行不少于 20 小时的安全教育，主要内容为本班组作业范围、特点、安全注意事项，以及相关施工用电、施工机具的操作安全等。各级安全教育完毕后应填写相应的教育卡，卡上教育者和被教育者均应签字。教育后进行考核（试题及答案见附件 5～10），结果记入档案。

1.2.4 遵守施工安全技术交底制度

安全技术交底一般分项目部总体安全技术交底与专业施工班组安全技术交底。项目部总体安全技术交底按单位工程、分部工程、时间季节进行，交底内容以安全施工方案、时间季节性施工注意事项、整体施工环境安全注意事项为主；专业施工班组安全技术交底按分部分项工程、工艺工序、施工部位进行，交底内容以施工工艺安全注意事项、施工部位安全注意事项、安全防范措施为主。交底应由交底人、被交底人、专职安全员进行签字确认，无工序、部位等变化时宜半月作一次交底并签字（交底样本见附件 15～19）。

1.2.5 遵守安全检查制度（可参照公司相应制度）

安全检查由项目负责人组织，专职安全员及相关专业人员参加，定期进行（每周一次为宜），可与质量检查同时进行，检查后填写检查记录。针对事故隐患下达整改通知，定人、定时间、定措施进行整改，整改完成后应进行复查。应在雷雨季节、台风季节、停工复工等特殊节点进行安全专项检查（安全质量大检查评价表样本见附件 1）。

公司对各项目部（含分公司所属项目）进行定期安全检查考核，该项工作与质量安全大检查同时进行，做好考核检查记录。每年各项目部、分公司对所属项目管理人员进行一次安全考核，做好记录。

1.2.6 进行施工现场管理

现场管理应符合安全生产有关规定，用好“三宝”（安全帽、安全带、安全网），尤其是“四口”（楼梯口、通道口、预留洞口、临边口）管理、危险品（氧气、乙炔、油漆等）管理应符合要求，临时用电管理、仓库管理应严格按有关规范执行。

施工现场应设置危险品仓库，氧气、乙炔、油漆类物品应单独存放在各自的危险品库房中，同时配备相应消防器材。

施工现场配电系统应采用三级配电、二级漏电保护系统，用电设备必须配置独立开关箱，确保一机一箱；设备电源线应采用五芯电缆，严禁使用护套线或绝缘导线作电源线；配电箱内空气开关、漏电保护器等电气器件应至少每周检查一次，检查人应在检查记录上签字，由专职安全员确认。

1.2.7 坚持持证上岗

从事建筑安装施工的项目经理、专职安全员和特种作业人员（电工、电焊工、起重工等），必须经行业主管部门培训考核合格，取得相应资格证书，方可上岗作业。

1.2.8 为施工人员购买意外伤害保险

项目部应及时为每位施工人员办理意外伤害保险，从进场至撤场止。

1.2.9 建立应急救援制度

项目部应根据项目施工特点、施工环境、施工工艺对施工过程中的危险源进行辨识，将施工中可能造成重大人身伤害的危险因素、危险部位、危险作业列为重大危险源并进行公示，同时以此为基础编制应急预案和控制措施。项目部应定期组织综合或专项应急救援演练，对难以进行现场演练的预案，可按演练程序和内容采取室内桌牌式模拟演练，做好演练记录。根据项目的不同情况和应急救援预案的要求，项目部应配备相应的应急救援器材，包括急救箱、氧气袋、担架、应急照明灯具、消防器材、通信器材、车辆、备用电池等。

1.3 项目质量管理基本要求

“靠质量树信誉，靠信誉拓市场，靠市场增效益，靠效益求发展”，这是企业生存和发展的生命链。对于建筑施工企业来说，把质量视为企业的生命，把质量管理作为企业管理的重中之重，已被广泛认同。“内抓现场质量领先，外抓市场名优取胜”，走质量效益型道路的经营战略已被广泛采用，建筑市场的竞争已转化为工程质量的竞争。

工程质量形成于施工项目，是公司形象的窗口，因此抓工程质量必须从施工项目抓起。项目质量管理是公司质量管理的基础，也是公司深化管理的一项重要内容。住建部提出抓工程质量要实行“两个覆盖”（即覆盖所有的工程项目和覆盖每一个工程建设的全过程），着重强调了抓项目质量管理的重要性。项目质量管理基本要求如下。

1. 组建一个符合要求的项目管理团队，是抓好项目施工质量的基础。项目部应选派思想素质好、事业心强、业务能力强、技术水平高的人员担当项目施工管理者，选择的施工人员应具有良好的责任心和操作技能，施工管理岗位人员及特殊工种作业人员必须持证上岗。

2. 项目部应严格按施工图、工程联系单、图纸会审纪要等设计文件及相应国家规范、标准组织施工。

3. 项目部应按工程施工进度要求，编制施工组织设计、施工方案、调试方案，经审核、审批后将其用于项目施工。

4. 应从工程实际出发选择合适的施工机具和检修器具，并按要求对其进行保养和检查，保证其处于良好状态。

5. 工程设备、材料的选择应符合设计规范及其他有关规范的要求，进场应及时报监理验收。

6. 选择正确的施工方法、施工工艺，必须符合国家相应规范及设计要求，不得违反国家规范强制性条文规定。

7. 充分考虑施工环境和气候的影响，认真做好必要防范措施。

8. 项目部应建立施工质量检查制度，定期（间隔不超过半个月）组织项目技术负责人、施工员、质检员等相关人员对施工质量进行检查，形成书面检查记录，发现质量问题及时整改。

9. 每天认真填写施工日记，将当天出勤人员情况、工作分配、天气、当日完成工程量、材料申购、材料进出、联系单、工程例会、监理检查以及当天安全活动（包括班前安全交底、安全检查、有无安全隐患及事故）等记录完整并签名。

10. 项目部应购置必要施工规范与施工图集，以备施工期间随时查阅。

11. 项目开工时应有完整的技术交底记录（交底人和被交底人签字），施工期间，应根据施工阶段与要求，分阶段进行安全技术交底工作，有完整的安全技术交底记录。

12. 按工程进度要求，备好隐蔽工程验收、检验批、安装记录等施工资料，施工技术资料要求全部打印。应及时整理施工资料，工程竣工以后，项目部应及时上交竣工资料至公司备案。

2　安装工程施工基本要求

2.1　施工现场文明标准化基本要求

2.1.1　施工配电箱标识

1. 施工现场的配电箱配置应符合《施工现场临时用电安全技术规范》(JGJ 46–2005)的要求，采用三级配电两级保护，保护装置齐全、灵敏、可靠。临时用电工程必须经过验收，合格后方可使用。

2. 施工配电箱箱体应统一刷成橙色，箱门上应有公司图标、配电箱编号、责任人、联系电话等标识，标识应清晰。

施工配电箱箱门标识示意

3. 配电箱箱门内应粘贴配电系统图及巡检表。

施工配电箱箱门内侧标识示意

4. 重复使用的配电箱，进入施工现场前应进行检查并刷新。

2.1.2　施工现场安装样板区

施工现场设置安装样板区，是施工标准化的要求，是提高施工质量的重要方法之一。根据承接工程项目的性质，可设置管道安装、风管安装、电气井电气安装、管道保温安装（含沟槽压制、法兰焊接）、风管制作（含弯头、三通、四通、连接法兰等配件）、动设备减振基础等，各标准工序应有实体样板，并配有工艺标准要求说明，示例如下。

1. 管道安装样板

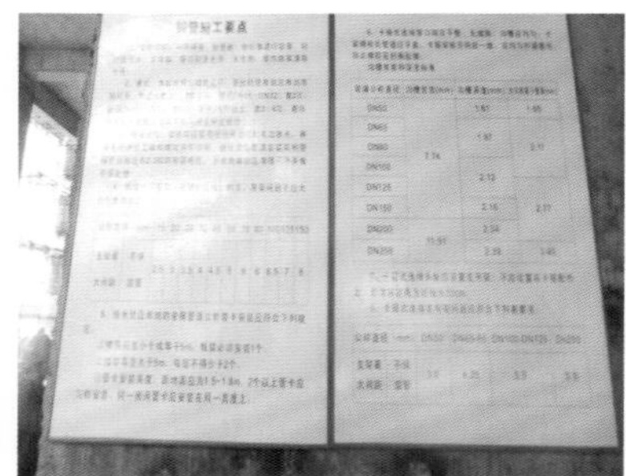

管道安装样板示意

2. 风管安装样板

风管安装样板示意

3. 电气井电气安装样板

电气井电气安装样板工艺要求

1.电气井内电缆桥架、母线槽、配电柜（箱）的排布设置应合理，配置接地主干线（-40×4镀锌扁钢或-25×4铜排），井内所有电气器具均要求可靠接地。
2.电缆敷设排列整齐，绑扎牢固，标识齐全。
3.母线槽安装应平整竖直，固定牢固可靠。
4.如电表安装在电气井内，应留有抄表或维修空间。
5.桥架、母线槽、电管穿楼板处均应进行防火封堵，可采用防火沙包或防火泥封堵。

电气井电气安装样板示意

4. 管道保温安装样板

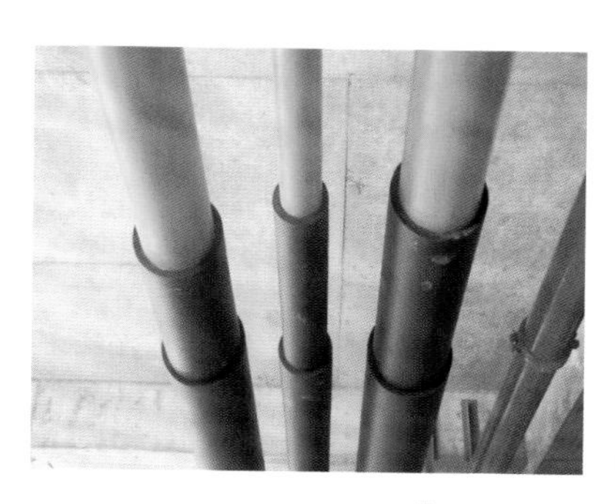

管道保温安装样板工艺要求

1.管道保温施工前应试压合格，冲洗完成；
2.管道保温前应刷防腐漆，且管道表面无污染；
3.保温材料（橡塑）应采用45° 切口，增加其搭接面积；
4.保温材料的搭接部位应设置在管道的下部45° 处，搭接面胶水涂刷应全面均匀，粘接紧密，防止空气中的水分沿搭接缝进入保温层。
5.保温材料前后段接缝应用透明胶带粘贴，防止空气中的水分沿接缝进入保温层。

管道保温安装样板示意

5. 共板法兰风管制作样板

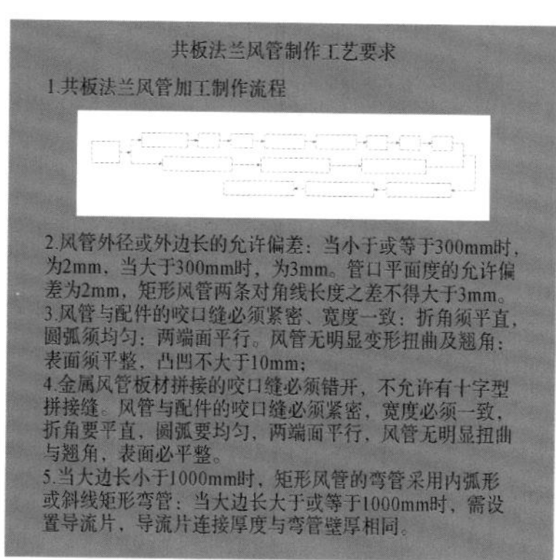

共板法兰风管制作样板示意

2.1.3 施工现场文明标准化

1. 现场安装加工区

应选择相对固定的区域（与总包、业主协商决定）搭设施工现场安装加工区，室内加工区应设置围挡，室外加工区应设置防雨棚、围挡，防雨棚上需有标识（企业标识及加工区名称）。

加工区内需设置安全配电箱，机具设备应统一布置、排放整齐，所有机具设备需挂牌标识，主要机具设备（电焊机、台钻、砂轮切割机、切板机、折边机、咬口机等）应挂安全操作牌。

机械设备管理牌

设备名称：__________ 规格型号：__________

设备编号：__________ 标志

专管人：__________

注：标志色分为绿色（合格），黄色（待检），红色（不合格）

机械设备管理牌

加工区内的管道套丝机作业时应设置润滑油及废钢丝收集盘（可用白铁皮制作），避免废油污染地面。

套丝机直接放置地坪上（错误） 套丝机搁置在油污收集盘上（正确）

加工区内每天作业完毕后，应清理清扫，成品、半成品、边角料、废品应分类堆放，加工场地清扫干净，配电箱拉闸断电。

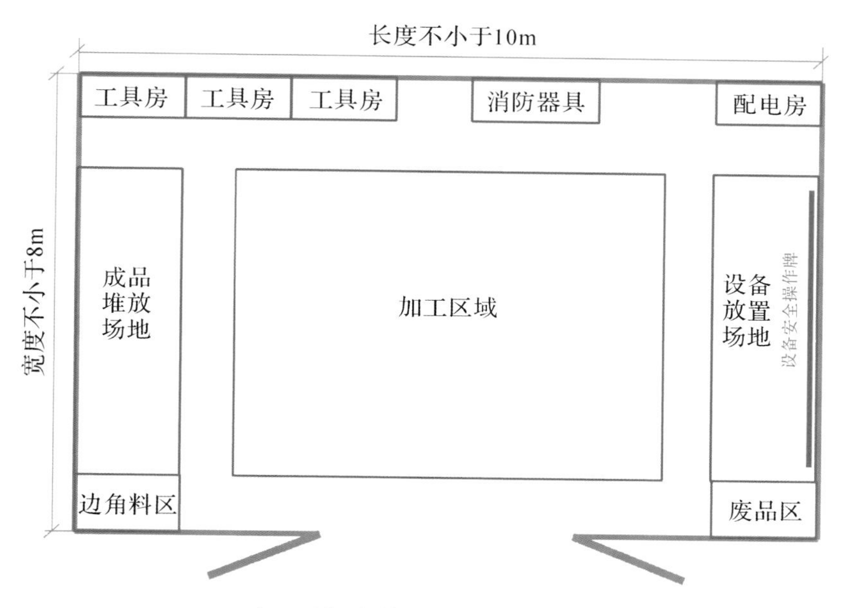

施工现场安装加工区布置示意

2. 现场仓库及材料堆场

现场仓库应设置货架，并划分合格区、待检区、不合格区，材料分类放置，挂牌标识。室外材料堆场应设置防雨棚，搭设钢管货架，材料（管材）分类堆放，挂牌标识。

室内仓库材料分类放置实景

室外材料堆场材料分类放置实景

仓库物资标识牌

物资名称：__________ 规格型号：__________

供货单位：__________ 标志 □

专管人：__________

注：标志色分为绿色（合格），黄色（待检），红色（不合格）

仓库材料管理挂牌

3. 现场施工区

每天操作完成收工前，现场施工区应做到完工清场，敞开的管口做临时封闭，机具设备收拢保管，配电箱拉闸断电。

消防水泵房完工清场　　收工后拉闸断电

4. 现场项目办公室

现场项目办公室布局应合理。各办公室内的文件柜、办公桌、椅子、饮水机、空调、打印机、复印机、垃圾桶（分可回收与不可回收）应摆放整齐；办公桌上的文件夹、资料、图纸等应摆放整齐；安全帽应悬挂或采用其他方式摆放整齐；规章制度、岗位职责、施工总平面图、施工进度表、晴雨表、安全生产记录牌、考勤表等应上墙；办公室门上需有部门门牌。办公室内可以放置花卉、盆景；办公室门窗应干净、明亮。

如有条件，项目部宜设置会议室。会议室内墙壁上应有企业标识、企业简介、企业管理方针、企业业绩图片、三位一体管理证书扫描件、项目部机构框架图、管理保证体系（质量、安全、环境职业健康）框架图、项目效果图、管理目标（质量、安全、环境职业健康）、重大危险源与重大环境因素管理方案等。

会议室内应设有投影装置，清洁卫生、桌椅整齐、灯光齐全、室内明亮。

办公室实景

会议室实景

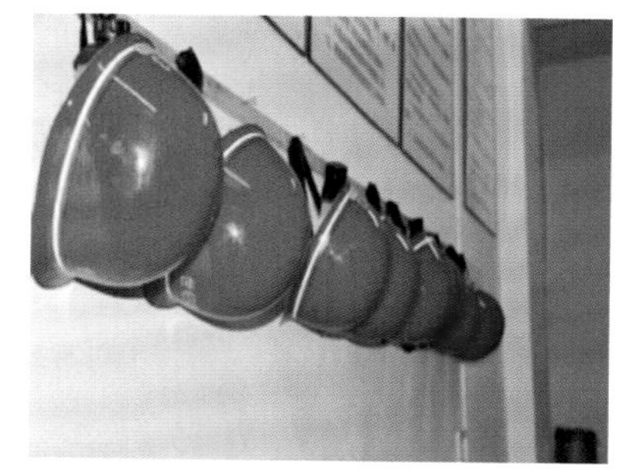

安全帽统一悬挂实景

资料管理实景

岗位职责上墙实景

施工进度表上墙实景

2.2 电气系统安装基本要求

2.2.1 电气配管

1. 镀锌电管严禁焊接，必须采用套管丝扣连接（厚壁镀锌电管）、套管卡压连接（KBG 镀锌电管）、套管紧定连接（JDG 镀锌电管）。

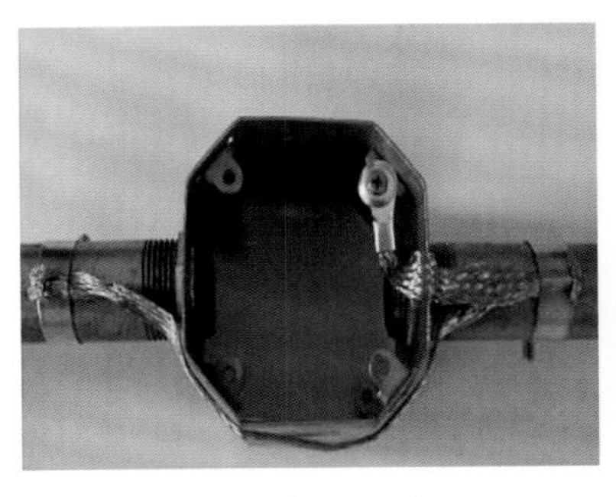

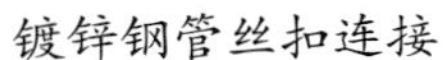

镀锌钢管丝扣连接　　镀锌钢管接地跨接

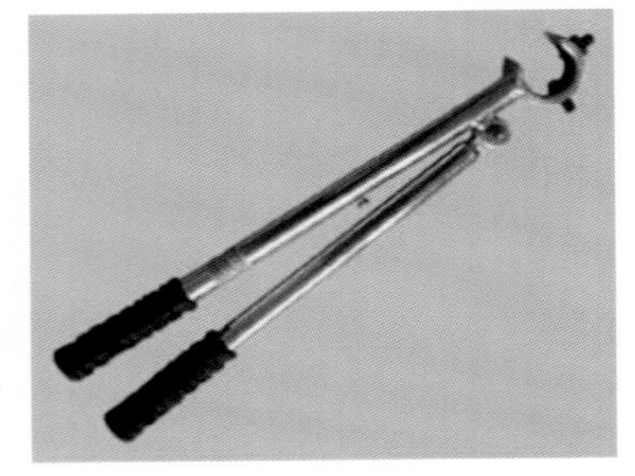

KBG 镀锌钢管连接管件及扣压工具

JDG 镀锌钢管连接管件及紧定螺钉

2. 焊接钢管（厚壁电管，壁厚≥2mm）暗敷可采用套管焊接连接，严禁直接对焊连接；明敷必须采用套管丝扣连接。

焊接钢管暗敷连接

3. 所有丝扣连接的电管，其套管两端必须做接地跨接，跨接线截面不小于 $4mm^2$。

4. 丝扣连接的电管进盒（箱）必须采用双锁母固定；KBG、JDG 镀锌电管采用专用管盒（箱）接头固定；黑铁管（厚壁电管）可采用点焊固定；所有进盒（箱）的电管口应光滑无毛刺，并配导线护圈。

5. 沿砖墙暗敷的电管，普通电管的保护层厚度不得小于 15mm，消防电管的保护层厚度不得小于 30mm。

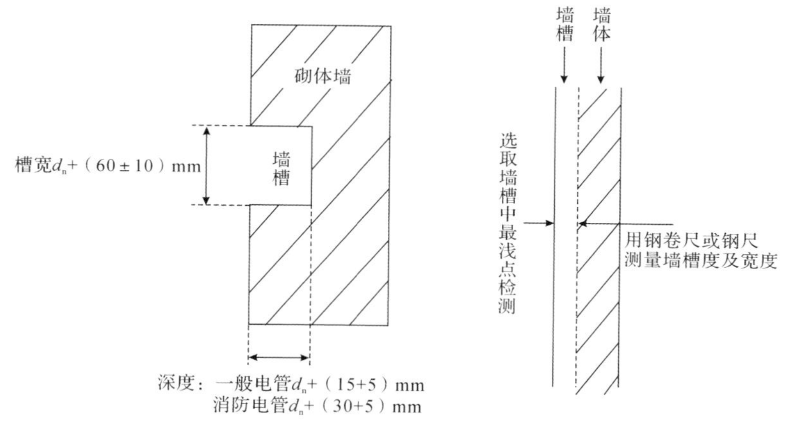

电管墙内暗敷示意（d_n 为电管直径）

6. 用于连接电管与设备接线盒、消防模块（箱）、灯具等的金属软管，应采用与金属软管配套的管接头，并应做接地跨接，且动力系统的金属软管长度不宜大于 0.8m，照明系统的金属软管长度不宜大于 1.2m。

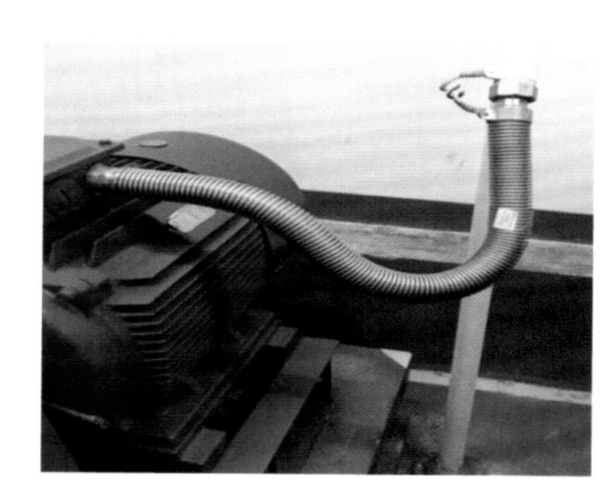
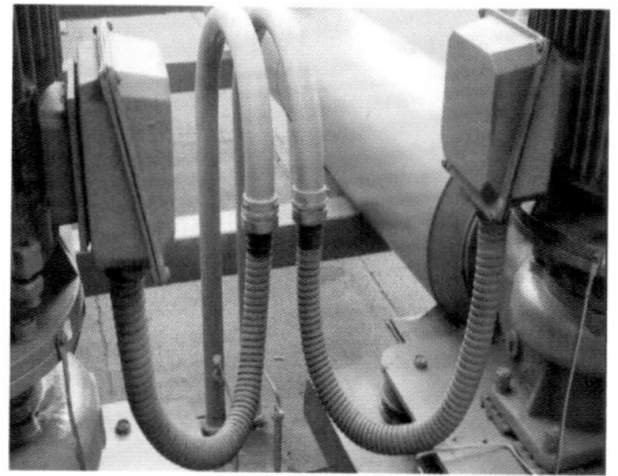

金属软管连接实景

2.2.2　导线连接

1. 导线端头应有标识（回路编号或相色标志），多股导线应搪锡后再接入。

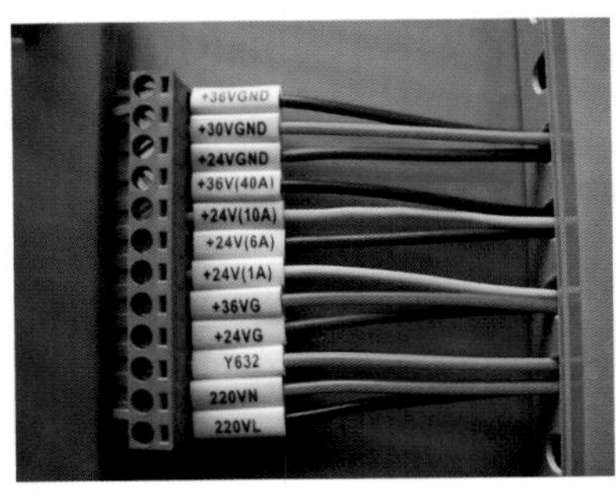

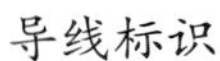

导线标识　　　　多股导线端头搪锡

2. 导线进配电箱（柜）、控制箱（柜）应调直、调顺，走向合理、排列整齐，观感好，强电与弱电导线分隔接入。

控制柜内二次配线走向合理，排列整齐美观

3. 同一接线端子最多允许两根同线径导线接入，不同线径的导线严禁接入同一个接线端子。

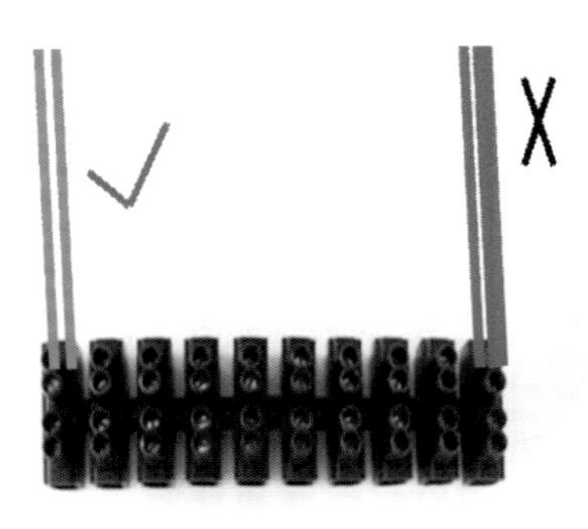

两根导线接入同一端子示意

4. 电源导线与设备连接应有相色标志，与动设备连接应有防松垫片（弹簧垫片），单股导线应以羊眼圈方式顺向接入设备接线端。

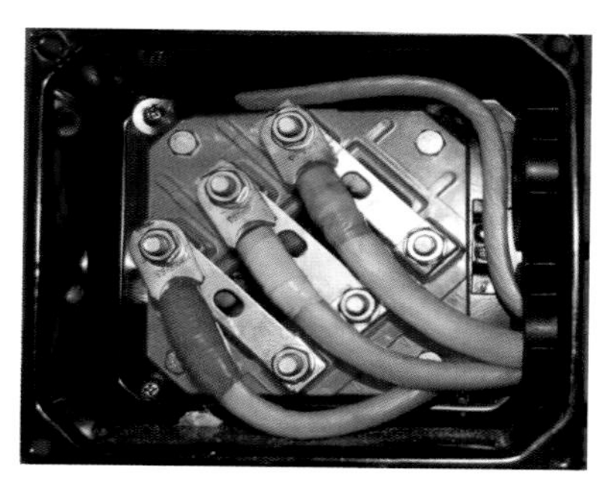

设备电源线相色标识

动设备电源接线螺栓配置防松垫片

单股导线羊眼圈与设备接线柱连接

2.2.3　桥架敷设

1. 强电线路与弱电线路如需在同一桥架内敷设，则桥架必须采用中间金属隔板形成两个相互屏蔽的区间，强弱电线路分区敷设。

2. 桥架可沿经深化设计的综合支架敷设，与其他管道的间距不应小于200mm。不应平行敷设在给排水管道的下方，亦不应平行敷设在蒸汽热力管道的上方。当与其他管道交叉敷设时，其交叉处不应有管道阀门或接头。

金属桥架增加隔板用于强弱线缆敷设

桥架沿综合支架敷设

3. 非镀锌金属桥架连接板两端应跨接接地线，其线径不应小于 4mm²；镀锌桥架连接板两端可不跨接接地线，但每端应有 2 个及 2 个以上的防松螺帽或防松垫圈组成的固定螺栓。

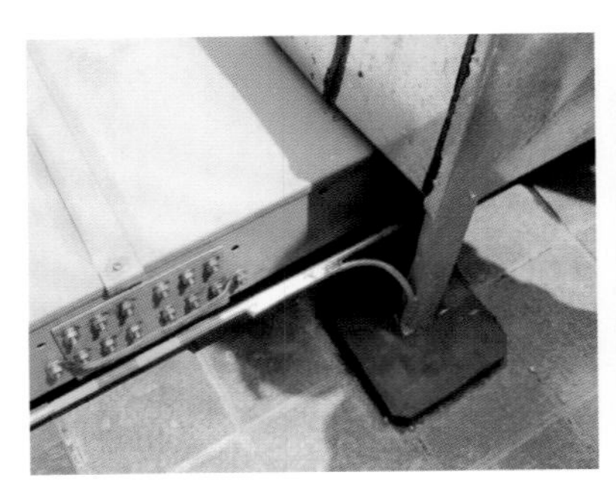

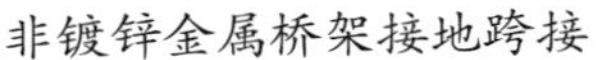

非镀锌金属桥架接地跨接　　镀锌桥架连接板防松螺栓固定

4. 桥架全长不超过 30m 时，应有 2 处与接地主干线可靠连接；全长超过 30m 时，每隔 20~30m 增加 1 个接地点；桥架的起始端与终端必须可靠接地。

桥架与接地干线连接点　　桥架终端与接地干线连接

5. 当直线段金属桥架或塑料桥架长度超过 30m，铝合金桥架或玻璃钢桥架长度超过 15m 时，应设置伸缩装置；桥架过建筑物变形缝（伸缩缝、沉降缝）时，应设置补偿装置。

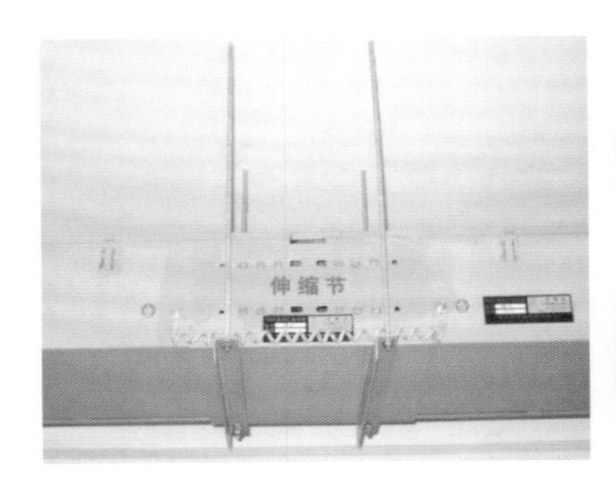

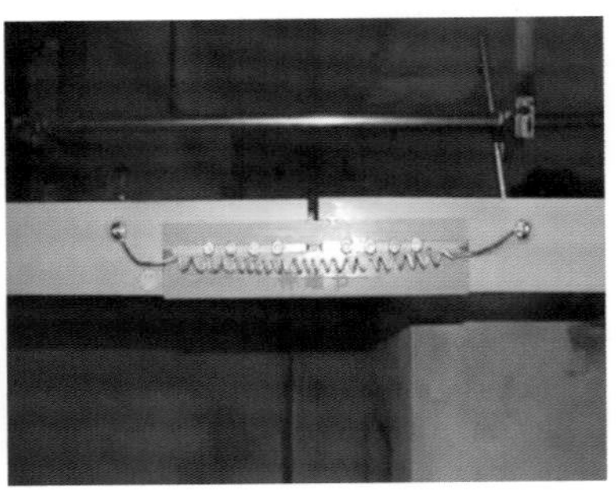

桥架直线段设置伸缩节　　桥架过建筑物变形缝设置伸缩节

6. 敷设在电气竖井内穿楼板处和穿越不同防火分区的桥架，其穿越处应采取防火封堵措施。

桥架过防火分区封堵　　桥架过楼板封堵

7　桥架采用金属吊架固定时，圆钢直径不得小于 8mm，并应设置防晃支架，在分支处或端部 0.3~0.5m 处应有固定支架。

桥架吊架安装，增加防晃固定支架（中部及端部）

2.2.4　配电柜（箱）、控制柜（箱）安装

1. 配电柜（箱）、控制柜（箱）的金属框架及基础型钢应与接地主干线可靠连接。对于装有电器的可开启门，门和金属框架的接地端子间应选用面积不小于 4mm^2 的铜芯软导线连接，并应有标识。

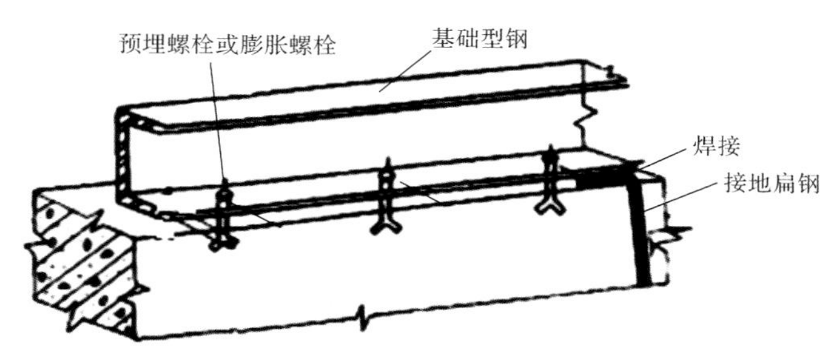

配电柜（控制柜）基础型钢接地示意

2. 配电柜（箱）、控制柜（箱）相互间或与基础型钢间应用镀锌螺栓连接，且配全防松垫圈；当设计有防火要求时，其线缆或桥架进出口应做防火封堵。

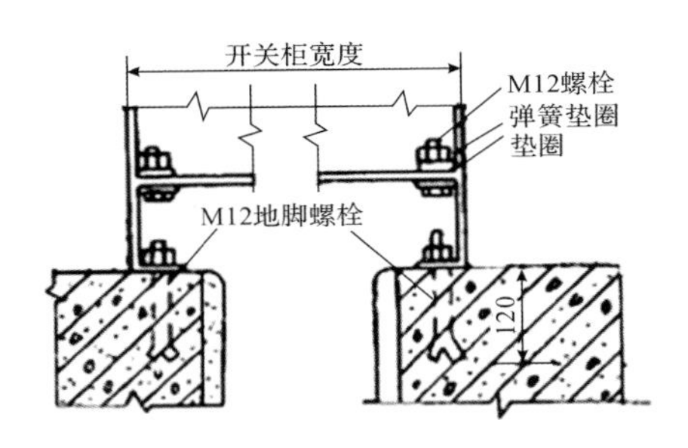

配电柜（控制柜）安装就位螺栓固定示意

3. 配电柜（箱）、控制柜（箱）不应设置在水管的正下方。

配电箱安装在水管下方（错误）

4. 配电柜（箱）、控制柜（箱）内端子排应安装牢固，强电、弱电端子应隔离布置，端子规格应与导线截面积大小适配。

配电柜（控制柜）接线端子排布整齐、强弱电端子隔离设置

5. 配电柜（箱）、控制柜（箱）体应采用机械开孔，严禁电焊、气焊割孔。

柜（箱）门接地

2.2.5　火灾报警系统感烟（感温）探测器安装

1. 火灾探测器安装位置的确定。

设计图纸中虽然确定了火灾探测器的型号、数量和大体的分布情况，但在施工过程中还需要根据现场的具体情况来确定火灾探测器的位置。在确定火灾探测器的安装位置和方向时，首先要考虑功能的需要，另外也应考虑美观问题，考虑周围灯具、风口和横梁的布置情况。

2. 探测器至墙壁、梁边的水平距离，不应小于 0.5m。

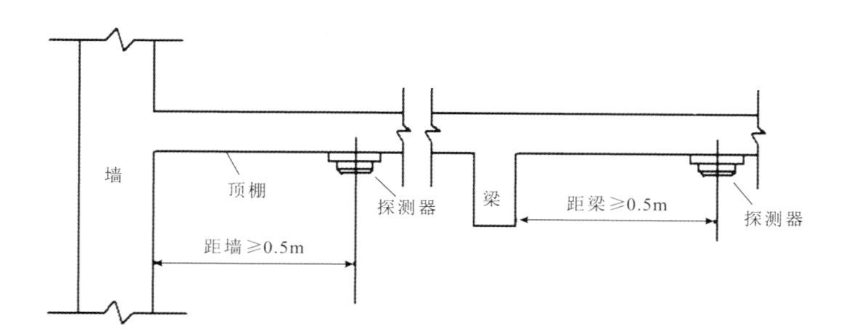

探测器至墙壁、梁边的水平距离示意

3. 探测器应靠近回风口安装，探测器至送风口边的水平距离，不应小于 1.5m。

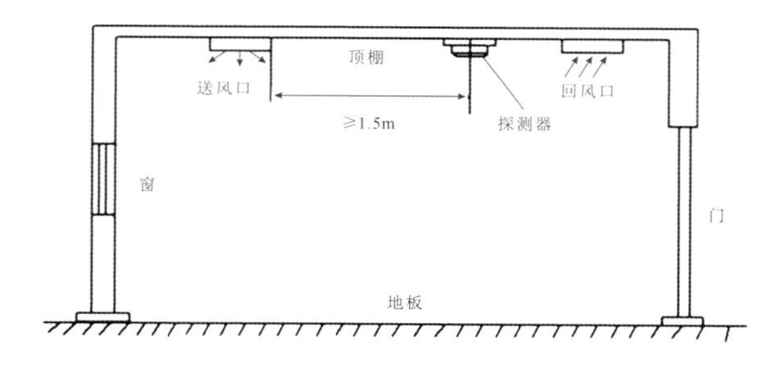

探测器至送风口边的水平距离示意

4. 在宽度小于 3m 的内走道顶棚上设置探测器时，居中安装。感温探测器的安装间距不应超过 10m；感烟探测器的安装间距不应超过 15m。探测器距端墙的距离不应大于探测器安装间距的一半。

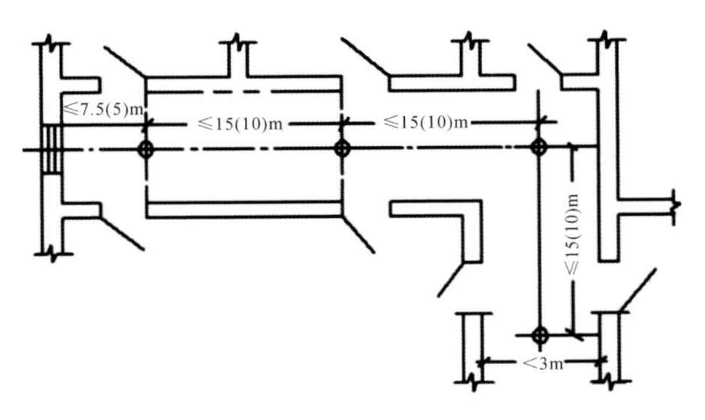

探测器在走道顶棚上安装要求示意

5. 探测器工作确认灯应面向便于人员观测的主要入口方向。

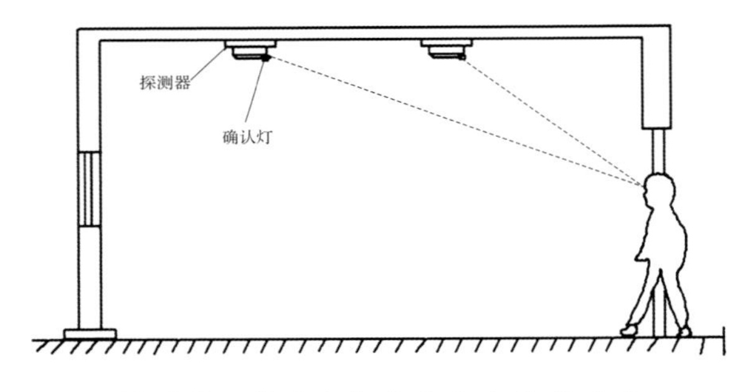

探测器工作确认灯安装方向要求示意

6. 探测器的底座安装后，暂不安装探头，应先安装底座保护罩，待火灾报警系统开通调试时，取下保护罩安装探头。安装探头时应注意其工作确认灯应对准主要入口方向，以便于人员观察。

2.3　给排水系统（消防、空调、生活）安装基本要求

2.3.1　管道支架制作与安装

1. 管道支架的制作应事先进行策划，在安装管线深化设计的基础上确定各类管道支架的形式及数量，应优先考虑综合支架。

2. L 形支架及小型门字形支架采用角钢制作。角钢 L 形支架制作应平面朝内（内向管道）；角钢门字形支架的制作应采用三段式焊接法，各边保持在同一平面、平整不翘角；管道居中安装，在转角处各取 1cm 形成圆角并去毛刺。

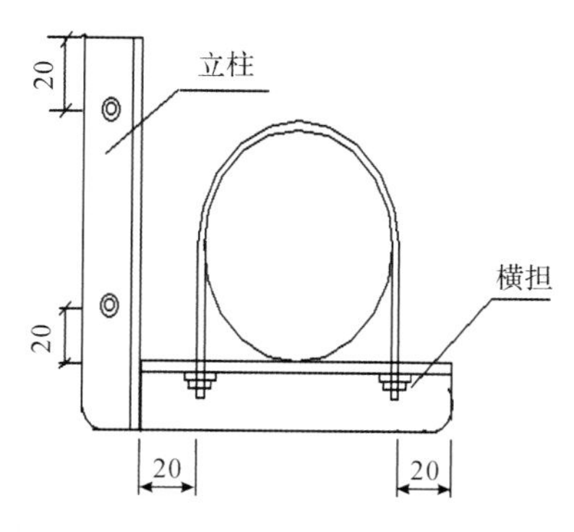

角钢 L 形支架示意（单位：mm）

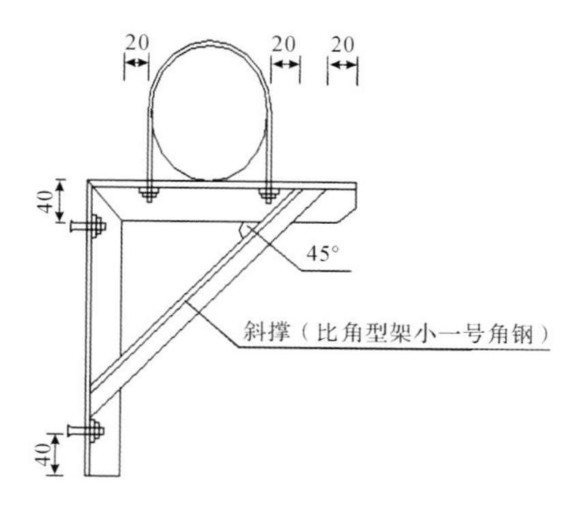

角钢倒 L 形支架（加斜撑）示意（单位：mm）

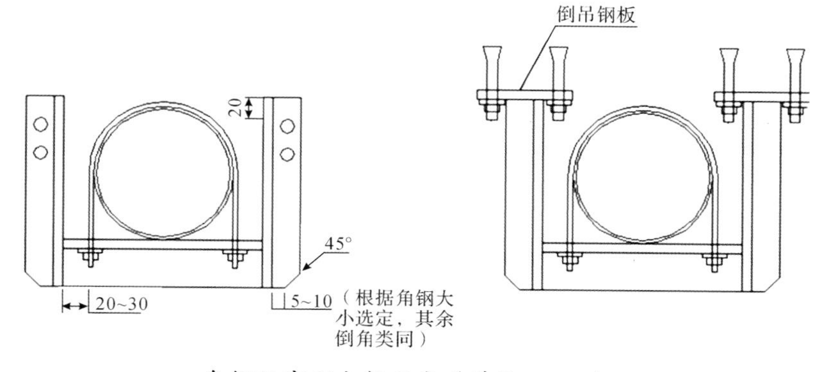

角钢门字形支架示意（单位：mm）

3. 槽钢门字形支架的制作应采用 45° 拼 90° 制作，弯制后各边保持在同一平面，平整不翘角。槽钢门字形支架不宜采用三段式焊接法制作。

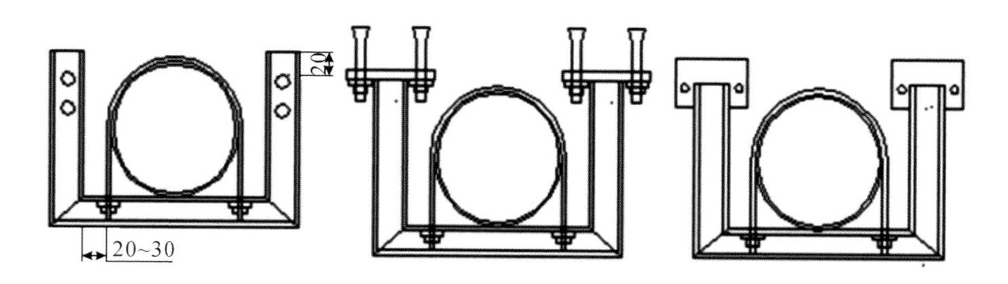

槽钢门字形支架示意（单位：mm）

4. DN≤40mm 的管道采用 L 形支架，DN≥50mm 的管道采用门字形支架。

5. 管道井内立管应合理设置承重支架或支座。DN≤200mm 的立管管道每五层设一个，DN＞200mm 的立管管道每三层设一个。

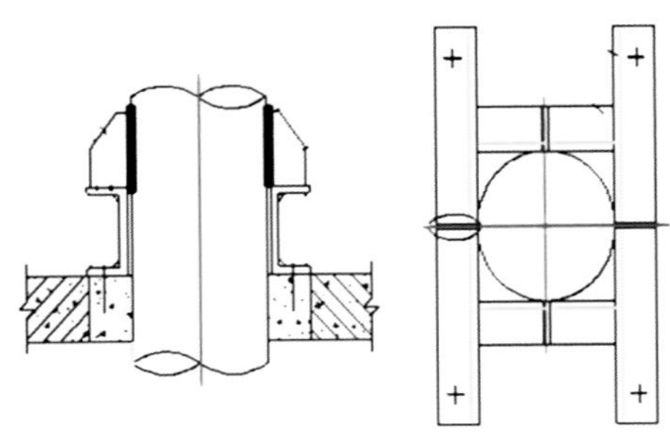

承重支架示意
（左：立面图，右：平面图）

承重支架实景

6. 支架制作应采用机械切割及钻孔，严禁气焊或电焊切割及钻孔；支架焊接焊缝应饱满；支架制作完毕经除锈后刷两道防锈漆、一道调和漆后方可安装。

7. 固定在梁侧边的支架，固定螺栓的位置宜设在梁高 1/2 以上的部位，并应大于梁底 100mm 以上；支架每侧立柱的固定螺栓不宜少于 2 个，且立柱端头的螺栓孔离立柱端头的距离不宜小于 50mm；同一区域的支架固定孔孔距应一致，做到统一、协调、美观。

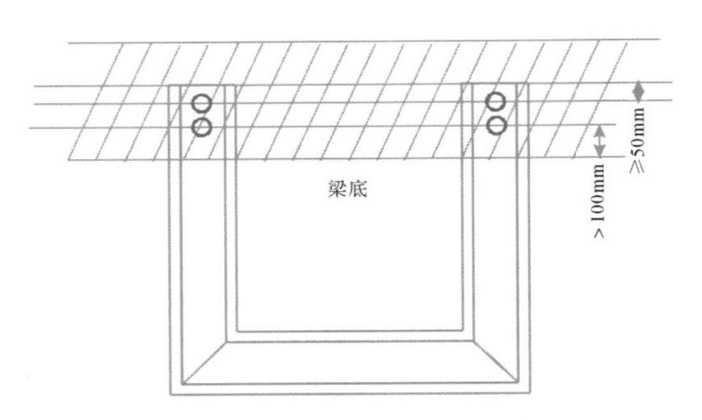

梁侧边支架固定点位示意

8. 严禁将支架固定在梁底部位置。

9. 支架的设置间距应按企业标准、相关技术规范执行，以 DN100、DN125、DN150 为例，钢管法兰连接时支架间距分别为 6.5m、7.0m、8.0m，有保温层时减去 1.5~1.0m，沟槽连接时支架间距应为 3.5m、4.2m、4.2m。

10. 管道转角处、管道与设备连接处、管道分支处等部位，应在距此部位 300mm 处增设支架；管道刚性连接处离支架较远时应增设支架；管道伸缩节两侧均应增设支架；DN > 200mm 的阀门两侧应增设支架；管道穿越防火分区或分隔墙时，应在距墙 200mm 处增设支架。

管道转角处支架

管道伸缩节处两端支架

管道阀门处支架

管道穿越防火分区处支架

立式消防泵管道支架

11. 地下室、水泵房及楼层走廊等部位的支架优先考虑采用综合支架（需深化设计后确定支架形式）。若综合支架长度过长，可在其中间部位增设承重柱。

综合支架增设承重柱实景

12. 支架的布置在同一平面内应朝向一致，横、竖均应成直线分布。

13. 不应采用侧抱支架和倒抱支架。

2.3.2 管道安装

1. 管道安装的原则：小管让大管，支管让主管，非重力流管让重力流管；蒸汽管（热水管）在上，冷水管在下；先主管后支管，先上部后下部，先里后外；先安装金属管道，后安装非金属管道；给水管道在上，排水管道在下；如因条件限制，给水管道需铺设在排水管道下方，则给水管道应加设套管，其套管长度不得小于排水管道管径的3倍。

2. 室内给水立管及排水立管在穿过楼板时应配合土建施工预埋套管（预留孔洞），管道穿过墙壁时应加套管，套管内径比管道外径大2号，在套管两端和中间空隙处填充不燃性纤维隔绝材料。穿楼板套管高出楼面20mm，卫生间套管高出地面50mm，下与楼板底平齐；穿墙套管两端与墙的最终完成面平齐。

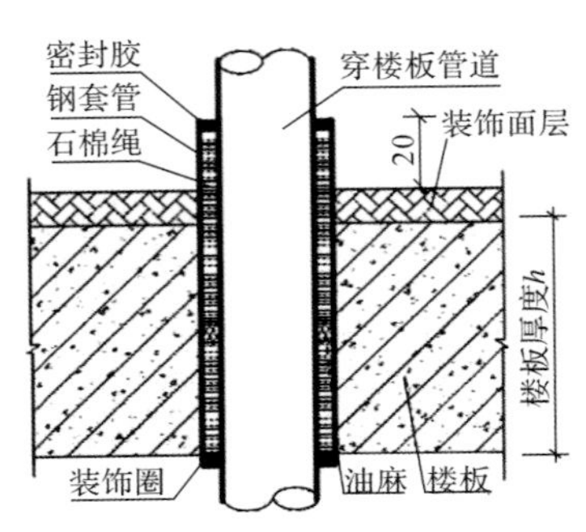

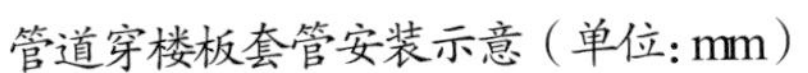

管道穿楼板套管安装示意（单位: mm）

管道穿楼板安装实景

3. 管道穿越地下室外墙面、屋面楼板、卫生间楼板时，以及集水坑侧墙进水管穿墙处、消防水池放空管穿墙处均设置刚性防水套管；消防水池水泵吸水管穿墙处设置柔性防水套管。

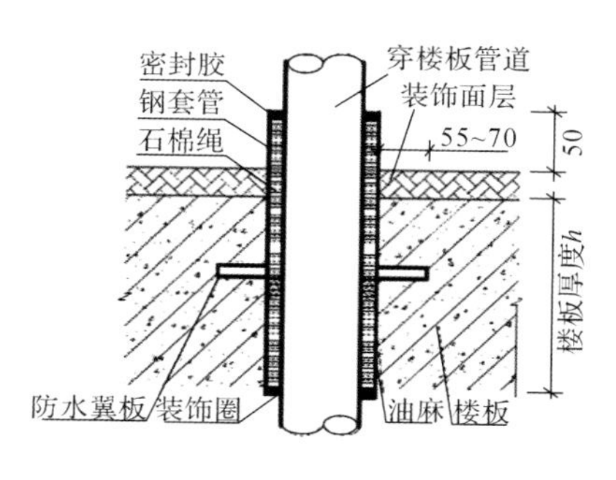

管道穿多水楼板防水钢套管安装示意（单位：mm）

防水钢套管预埋实景

4. 管道切割采用砂轮切割机、管道割刀及管道截断器。切割时，切割机后面设一防护罩，以防切割时产生的火花、飞溅物污染周围环境或引起火灾；所有管道的切割口面做到与管子中心线垂直，以保证管子的同心度；切割后清除管口毛刺、铁屑，避免由于毛刺的原因，造成管道长时间运行后堵塞。

5. 采用螺纹连接的管道丝扣加工全部采用套丝机自动进行。管道套丝时，应将管道的另一端放在三脚托架上（高度可调，确保管道水平），托架与管道接触面处，放胶皮作隔离垫，确保管道保护层不受破坏。已套丝管道，应妥善堆放，安装过程中要注意轻拿轻放，确保丝扣无损伤。

6. 在管道上直接开孔焊接分支管道时，切口的部位须用校核过的样板划定，用氧气—乙炔割矩切割，完毕后须用锉刀或砂轮磨光机打磨掉氧化皮和熔渣，使端面平整。为了尽量减少固定焊口的焊接数量，宜将钢管及管件地面预制成管道组成件，管道组成件预制的深度以方便运输和吊装为宜。

7. 镀锌钢管严禁焊接；镀锌钢管丝扣部位应进行防腐处理；镀锌钢管与碳钢支架接触处应垫绝缘片隔离，避免其接触处产生电化学反应而破坏镀锌层。

镀锌钢管与碳钢支架间增设绝缘片

8. 管道放线由总管到干管，再到支管。放线前，逐层、逐区域进行细部会审，使各管线互不交叉，同时留出保温、绝热及其他操作空间。对吊顶下的喷头应与灯具、风口、探头等统筹考虑，合理布局，且布局要得到业主和设计单位的认可。

9. 管道在室内安装以建筑轴线定位，同时又以墙、柱、梁为依托。定位时，按施工图确定走向和轴线位置，在墙（柱）上弹线，画出管道安装的定位坡度线，定位坡度线以管线的管底标高作为管道坡度的基准。

10. 对立管放线时，打穿各楼层总立管预留孔洞，自上而下吊线坠，弹出总立管安装的垂直中心线，作为总立管定位与安装的基准线。

11. 保温管道与支架之间应用经过防腐处理的木衬垫（木托）隔开，木衬垫厚度同保温层厚度。

管道设置木托保温

12. 各种管道一般不应穿过沉降缝和伸缩缝，特别是排水管道。对所有穿越建筑伸缩缝的管道均应采用柔性连接。

管道过沉降缝实景

13. 安装于管井、地沟、吊顶内和埋地等隐蔽安装的各种管道，在隐蔽前，给水、消防管道必须做强度和严密性试验；排水、雨水管道必须做灌水、通水试验。卫生间、盥洗间、厨房等上层布有管道的房间，在吊顶或顶棚抹灰前，上层地面必须做蓄水试验。24 小时内楼板及管道四周和板墙交接处不渗不漏，否则，不准进入下道工序施工。

14. 给水水平管道应有 2‰～5‰的坡度坡向泄水装置。

15. 沟槽式管件连接时，其管道连接沟槽和开孔应用专用滚槽机和开孔机加工，并应做防腐处理，连接前应检查沟槽和孔洞尺寸，加工质量应符合技术要求；沟槽、孔洞处不得有毛刺，破损性裂纹和脏物。

16. 沟槽式管件的凸边应卡进沟槽后再紧固螺栓，两边应同时紧固，紧固时发现橡胶圈起皱应更换新橡胶圈。

17. 给水管道埋地敷设，管顶的覆土厚度不得小于700mm，穿越道路部位的埋深不得小于900mm。埋地管道接口法兰、卡扣、卡箍等应安装在检查井或地沟内，不应埋在土壤中。镀锌钢管埋地敷设前应进行防腐处理。

18. 当管道变径时，宜采用异径接头，在管道弯头处不宜采用补芯，当需要采用补芯时，三通上可用1个，四通上不应超过2个；公称直径大于50mm的管道不宜采用活接头。

19. DN80以上给水管道翻下再翻上时应设排水口（平时采用堵头封死）。

20. 管道支架、吊架的安装位置不应妨碍喷头的喷水效果。管道支架、吊架与喷头之间的距离不宜小于300mm；与末端喷头之间的距离不宜大于750mm。

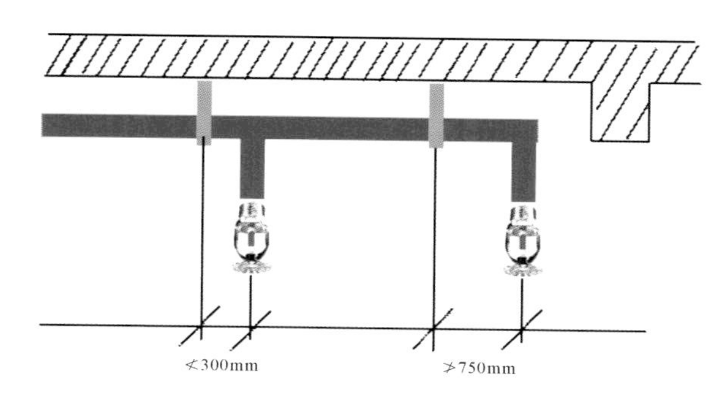

喷淋管道支架安装示意

21. 喷头安装遇梁时，不可在梁高大于250mm的梁底安装（加集热板除外），在梁边安装时应降低安装高度，以喷水时不被梁挡住为原则（除非梁的另一边已受另一只喷头保护），但降低高度后其与顶部的距离不得大于550mm，否则应采取增加喷头或加集热装置等措施。

22. 宽度超过1.2m的风管底部喷头安装，喷头应安装于风管中部，并将喷淋管延伸至风管另一侧吊杆固定，管口加堵头封闭。

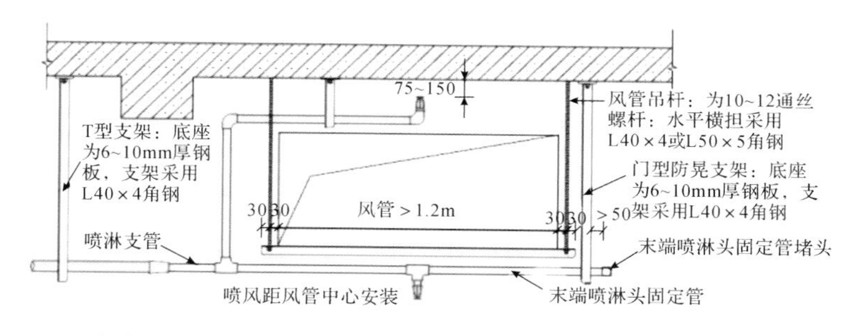

宽度超过1.2m风管处的喷头安装示意（单位：mm）

23. 喷头安装应在系统试压、冲洗合格后进行。

24. 管道试压用的压力表不应少于2只，精度不应低于1.6级，量程应为试验压力值的1.5~2.0倍。

25. 排水塑料管必须按设计要求设置伸缩节。如设计无要求，伸缩节间距不得大于 4m。

26. 高层建筑中明敷排水塑料管道应按设计要求设置阻火圈或防火套管。

27. 排水主立管及水平干管管道均应做通球试验，通球球径不小于排水管道管径的 2/3，通球率必须达到 100%。

28. 生活污水管道上应设置检查口或清扫口，在立管上应每隔一层设置一个检查口；在最底层和有卫生器具的最高层必须设置检查口；在连接 2 个及 2 个以上大便器或 3 个及 3 个以上卫生器具的污水横管上应设置清扫口；在转角小于 135° 的污水横管上，应设置检查口或清扫口；污水横管的直线管段，应按设计要求的距离设置检查口或清扫口。

29. 在经常有人停留的平屋顶上，通气管应高出屋面 2m，并应根据防雷要求设置防雷装置。

上人屋面通气管及接地实景

2.3.3 消防设备安装

1. 水泵的进、出管道应具有独立、牢固的支承，泵体不得与进、出管道硬性连接，必须设置软接头过渡，以消除管道的振动和防止管路的重量对泵体运行的影响。

2. 水泵与管道相互连接的法兰端面应平行，螺纹管接头轴线应对中，不应借法兰螺栓或管接头强行连接，泵体不得因受外力而产生变形。

3. 管道与水泵连接后，应复检泵体的原找正精度，当发现管道连接引起偏差时，应调整管道。

4. 水泵吸水管偏心大小头的安装，平面应在上方。水泵吸水管宜安装过滤器（过滤器不应安装在向上流动的水管中）。

水泵吸水管偏心大小头的安装

5. 水泵出水管处安装的防震软接头，应安装在泵体出水口端的水平管上。

软接头水平安装

6. 水泵出水管压力表的安装应在止回阀和闸阀之间。

水泵出水管压力表安装

7. 阀门、法兰等的连接螺栓必须统一长度，且露出螺纹 2~3 个丝扣，严禁负螺纹的出现。

管道阀门法兰连接螺栓符合要求

管道阀门法兰连接螺栓负偏差

8. 设备减震基础采用橡胶减震垫时，中间应铺垫平钢板，设备调平后经过 1~2 周，应再进行一次调平，确保各减震垫的受力基本均匀。

橡胶减震垫使用方法正确　　橡胶减震垫中间缺少钢板

9. 设备减震基础采用减震弹簧时，设备基础抹面应平整，减震弹簧应安装在基础抹面或装饰面上。

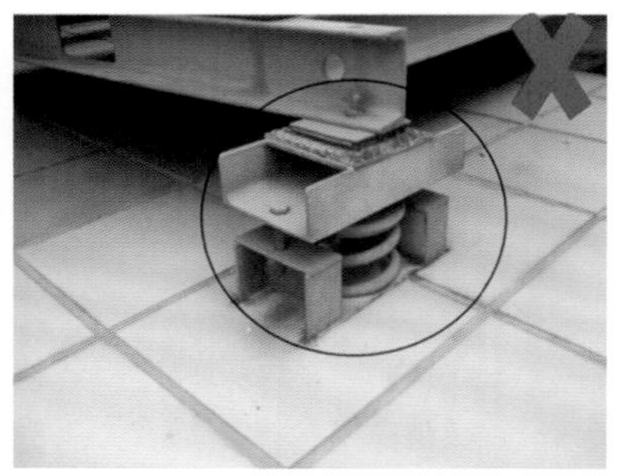

减震弹簧完整地设在地面上　　减震弹簧部分埋入地面中

10. 湿式报警阀警铃应安装在公共通道或值班室附近的外墙上，水力警铃与报警阀组的接管为 DN20 的热镀锌钢管，其长度不宜大于 20m。

湿式报警阀警铃移至消防泵房外安装

11. 压力表安装时，表后部件依次为泄气阀（旋塞阀）、缓冲弯、根部阀。

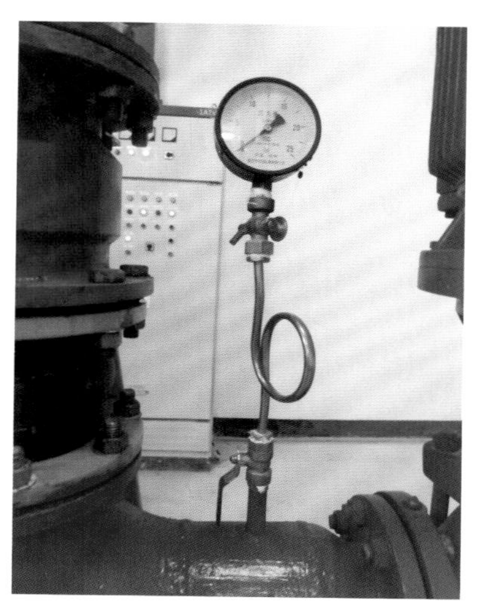

压力表正确安装实景

12. 消防喷淋系统中的信号阀应安装在水流指示器前的管道上，与水流指示器之间的距离不宜小于 300mm。

13. 消防喷淋系统中每个报警阀组控制的最不利点洒水喷头处应设置末端试水装置，由试水阀、压力表以及试水接头组成；顶通气管，且管径不应小于 75mm；末端试水装置的安装高度宜为 1.5m，并应有清晰的标识。

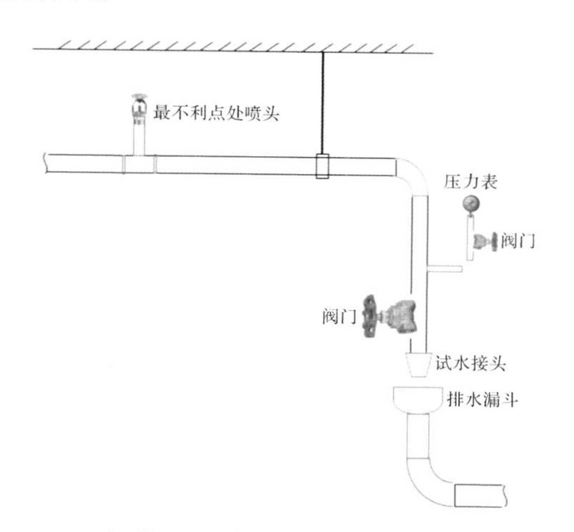

报警阀组末端试水装置示意

14. 其他防火分区、楼层均应设置直径为 25mm 的试水阀。试水阀宜安装在最不利点附近或次不利点处，以便在必要时改装成末端试水装置。

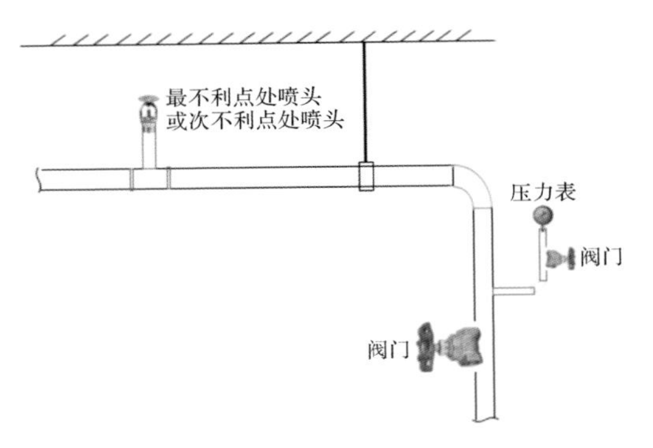

防火分区（楼层）喷淋试水装置示意

15. 湿式报警阀安装高度为离地面 1.2m，间距不小于 0.5m。

16. 消火栓箱安装，栓口朝外，箱内启泵按钮与栓口同侧安装，不应安装在门轴处（俗称：开门见栓）；栓口中心距地面 1100mm，允许偏差为 ±10mm；阀门中心距箱侧 140mm，距箱后内表面 100mm，允许偏差为 ±5mm。

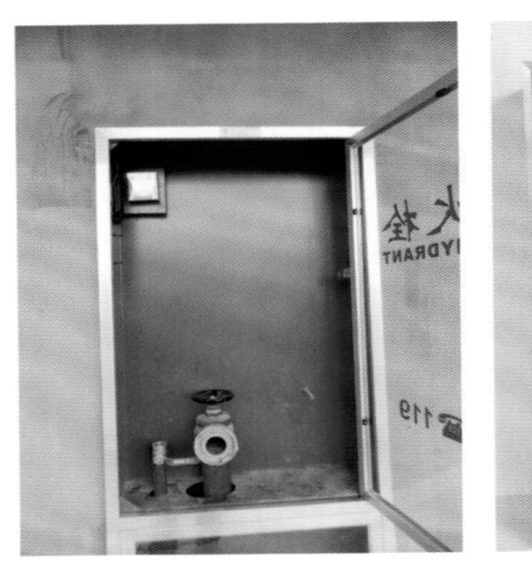

消火栓箱栓口位置正确

消火栓箱栓口位置错误

2.3.4 卫生器具安装

1. 卫生器具应采用预埋螺栓或膨胀螺栓安装固定。

2. 排水栓和地漏的安装应平整、牢固，低于排水表面，周边无渗漏。地漏水封高度不得小于 50mm。

3. 卫生器具给水配件应完好无损伤，接口严密，启闭部分灵活。

4. 连接卫生器具的排水管道接口应紧密不漏，其固定支架、管卡等支撑位置应正确、牢固，与管道的接口应平整。

5. 卫生器具安装位置应准确，安装高度符合规范要求，成排卫生器具安装高度应一致。

6. 卫生器具交工前应做满水和通水试验。

7. 创优（创杯）项目中，卫生器具的安装应与装饰工程相结合，与地砖、墙面砖的接缝对齐或居中，提升观感质量。

卫生器具居中安装提升观感质量

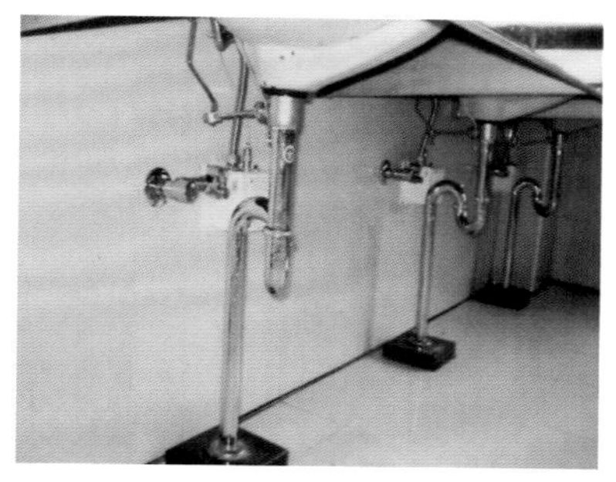

台盆安装 P 弯高度一致

台盆 P 弯根部承台保护

地漏居中安装提升观感质量

2.4　通风系统安装基本要求

2.4.1　风管系统安装

1. 风管穿过需要封闭的防火、防爆墙体或楼板时，必须设置厚度不小于 1.6mm 的钢制防护套管；风管与防护套管之间应采用不燃柔性材料封堵严密。

风管穿越防火墙预埋套管，预埋套管与风管间封堵严密

2. 不锈钢板、铝板风管与碳素钢支架的接触处，应采取绝缘措施。

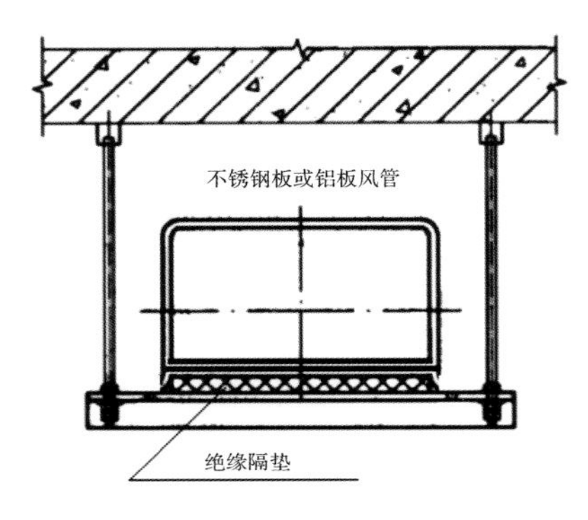

不锈钢板、铝板风管处绝缘隔垫

3. 风管安装起始部位、转角部位、末端部位、直管段超过 20m 均应增设防晃支架。

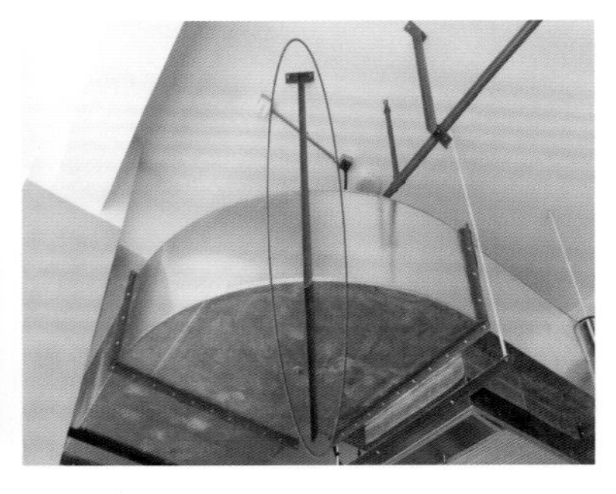

风管安装起始部位增设防晃支架　风管安装转角部位增设防晃支架

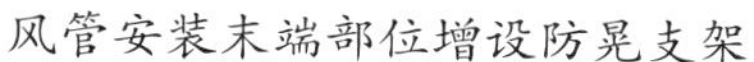

风管安装末端部位增设防晃支架

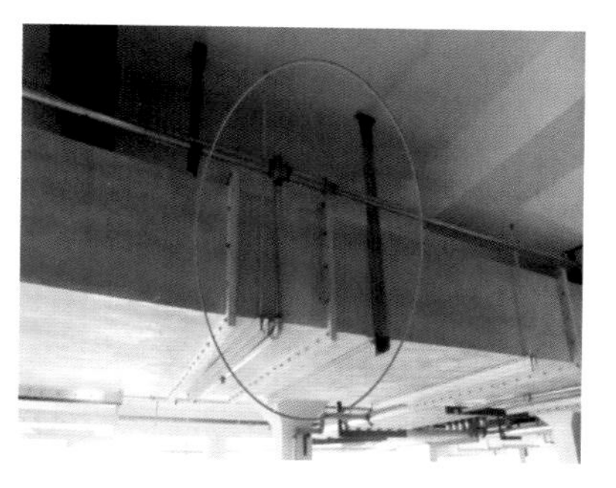

风管安装直管段超过 20m 增设防晃支架

4. 随风管安装的设备（如静压箱等）应单独设置双支架。

风管静压箱设置独立双支吊架

5. 风管与砖、砼风道的连接接口，应顺着气流方向插入，并应采取密封措施。风管穿出屋面处应设置防雨装置，且不得渗漏。

风管穿出屋面处设置防雨装置

6. 风管的连接应平直。明装风管水平安装时，水平度的允许偏差为3‰，总偏差不应大于20mm；明装风管垂直安装时，垂直度的允许偏差为2‰，总偏差不应大于20mm。

7. 风管系统安装完毕后，应按系统类别要求进行施工质量外观检验。检验合格后，应进行风管系统的强度及严密性检验，具体要求详见《通风与空调工程施工质量验收规范》（GB 50243—2002）条款4.2.1及6.2.9。

2.4.2 风口及风机设备安装

1. 风口安装基本要求如下。

1）风口表面应平整、不变形，调节应灵活、可靠。同一厅室、走廊、房间内的相同风口的安装高度应一致，排列应整齐。

2）明装无吊顶的风口，安装位置和标高允许偏差为10mm。

3）风口水平安装，水平度的允许偏差为3‰。

4）风口垂直安装，垂直度的允许偏差为2‰。

2. 送风口底部离地高度300~400mm，排烟口顶部离平顶高度100~150mm。

正压送风口

排烟风口

3. 风机传动装置的外露部位以及直通大气的进、出口，必须装设防护罩、防护网，或采取其他安全防护措施。

风机传动装置防护

4. 风机设备减振器的安装位置应正确，各组或各个减振器承受荷载的压缩量应均匀一致，偏差应小于 2mm。

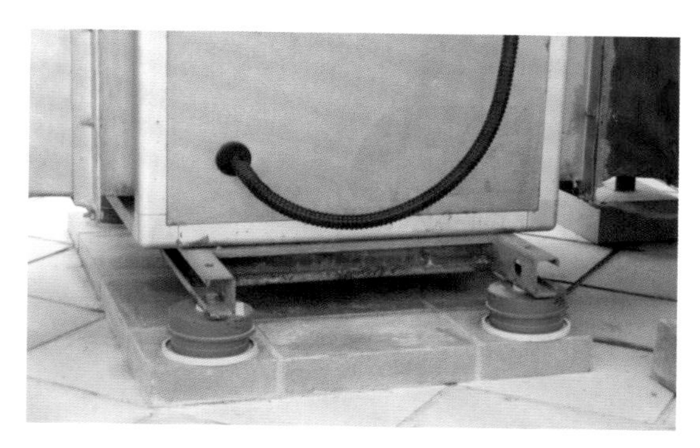

风机设备减振器安装

5. 防排烟风机固定应牢靠，顶部固定应采用 4 点 ×4 螺栓的方式。

防排烟风机固定

2.5　安装精品工程图片展示

从广义角度讲，精品工程即通过精心设计、精心组织、精心施工，创造出的完美建筑工程。

从狭义角度讲，精品工程即以现行有效的规范、标准和设计工艺为依据，通过全员参与的管理方式，周密组织和严格控制，对所有工序进行精心操作，最终获得优良的内在品质和精致细腻的外观效果的工程，即所谓内坚外美。

安装精品工程的观感质量具体表现在以下方面。

1. 利用建筑信息模型化（BIM）技术对地下室、设备机房及管线众多处进行深化设计，采用综合支架，实现更加合理的设备及管线布局，提升整体观感质量。

地下室局部优化前三维图

地下室局部优化后三维图

地下室管线综合排布

2. 各专业支架制作形式统一，防腐到位，安装模式一致，安装间距合理。

各专业支架制作形式统一，防腐到位，安装模式一致，安装间距合理

3. 设备安装稳固，减振措施合理有效，不受外力影响。

4. 管道及风管保温面层平整，接口粘贴密实，无结露。

5. 桥架（线槽）安装平直，防晃支架设置合理，起始端及超过 30m 段与接地干线可靠连接；桥架（线槽）内电缆排布整齐，起始与转弯处悬挂电缆标识牌，电缆回路号、型号规格、起始点清晰明了。

6. 风管安装平直，接口密实无缝隙，吊杆增设附件提高观感质量；风机设置减振支架，风阀设置独立支架，防晃支架设置合理。

7. 管道安装走向及排布合理，坡度符合要求，合理设置排污阀与放气阀，阀门与卡箍接头两端增设支（吊）架。

8. 卫生洁具安装平整，与装饰装修线条对应整齐完美。

9. 消防设备如报警探测器、喷头、手动火灾报警按钮、消火栓（箱）等安装点位合理且符合规范要求，消防模块箱内集中安装。

10. 电气柜体（含消防控制柜）的安装设置基础槽钢框架，柜（箱）体安装横平竖直，柜（箱）体内进出线孔封堵到位，接线整齐有序，标识清晰。

11. 灯具安装牢固，低于2.4m安装的灯具可靠接地。重要场所安装的大型灯具（吸顶灯、吊灯等）的玻璃罩，应采取防止玻璃碎裂后向下溅落的措施；吊顶上安装的灯具与风口、烟感装置、喷淋装置的间距符合规范要求，成排成线或居中安装。

12. 屋面避雷带（针）安装横平竖直，避雷带连接处双面焊接，焊缝饱满无焊渣，避雷针安装高度、间距一致，避雷接地引上点标识清晰明了。

13. 穿墙管道均设置套管，进出墙面处增设装饰圈；进入消火栓箱的管道口设置装饰圈。

14. 电气井、管道井部位的桥架、配电箱、管道、阀门等安装横平竖直，桥架内电缆敷设整齐，电气接地到位。

15. 所有安装管线、阀门、设备标识齐全美观，走向（流向）清晰明了。

16. 风管支架横档采用镀锌方钢，外形美观、结构牢固。镀锌方钢端口采用黑色保护套封盖；风管吊杆外套PVC管与顶板交接处设置PVC专用底座。

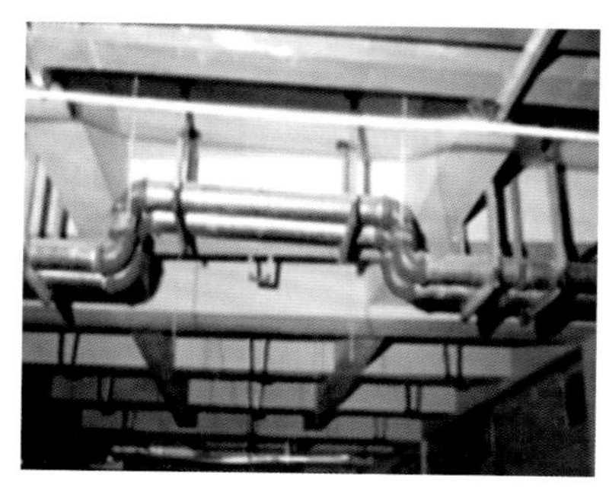

卡箍连接管道支架的设置（确保卡箍接头不受应力影响）

管道承重支架的设置

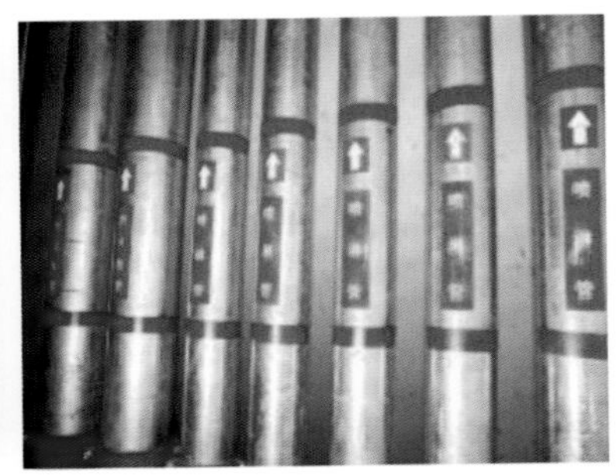

管道标识

管道井底部及顶部安装样板

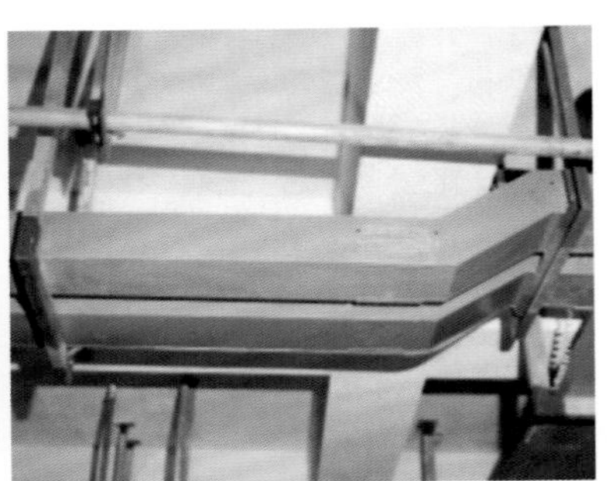

桥架 45° 转角处支架设置

桥架直线段距离超过30m时，设置伸缩节

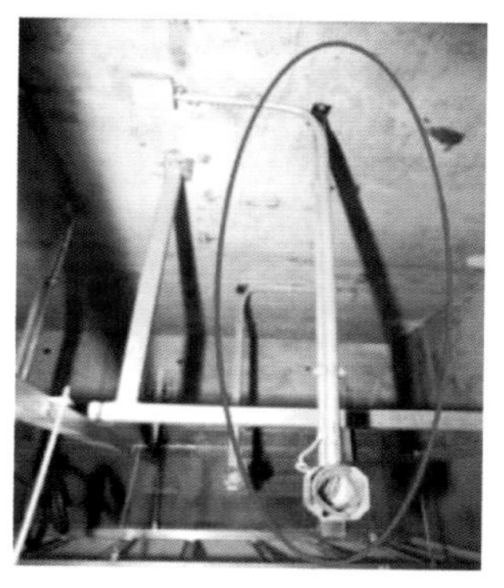

吊顶内电气软管长度超过1.2m时，采用镀锌钢管配管进行调整

桥架穿越防火墙封堵严密、美观

电气井安装
（电缆排列整齐标识清晰）

配电室电缆排列整齐标识清晰

高低压配电柜安装

粉刷墙面上插座安装

装饰墙面上插座安装

消防控制中心安装样板

走廊灯具、烟感、消防广播等聚中安装成一直线

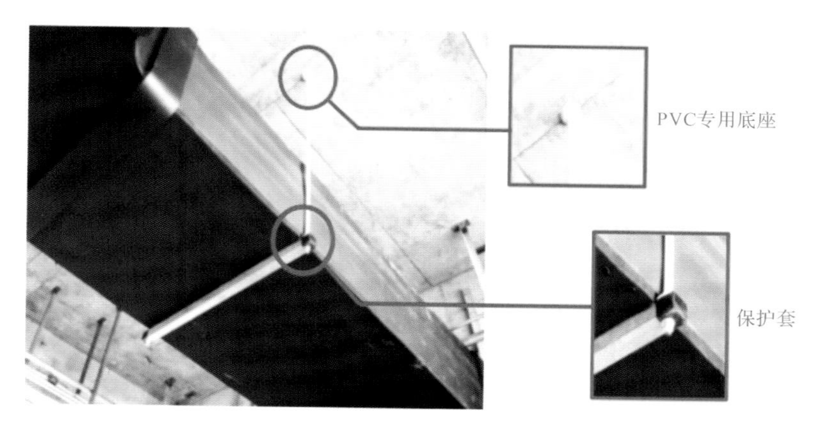

PVC 专用底座和保护套的设置

风管均采用镀锌角钢法兰连接，具有更好的耐腐蚀性能

风管支吊架间距设置合理，满足规范要求

风机设置弹簧减振支架、消声器设置独立支架、末端设防晃支架

风管穿越防火墙的封堵

风管横档支架采用双螺母锁紧，风管法兰连接螺栓长短一致、方向统一

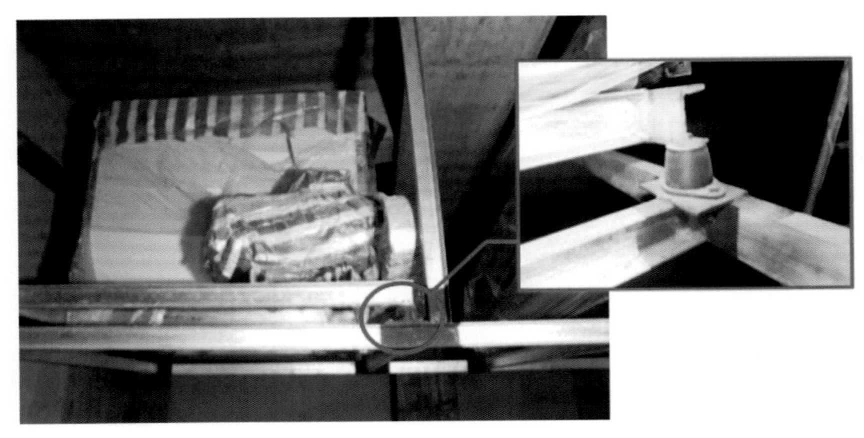

风机减震器安装合理，槽钢支架设置钢衬板扩大受力面

屋面风机安装

风机安装标准基础

屋面上消防管道安装

上人屋面透气管安装样板

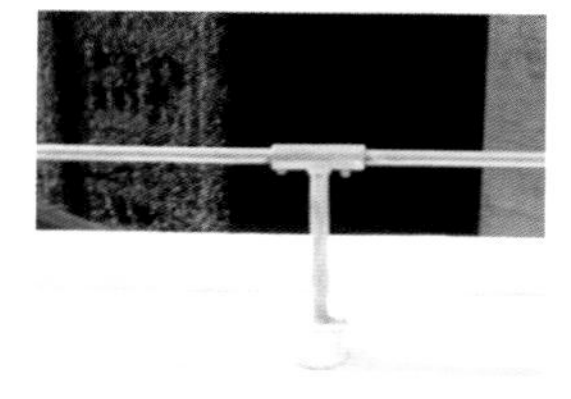

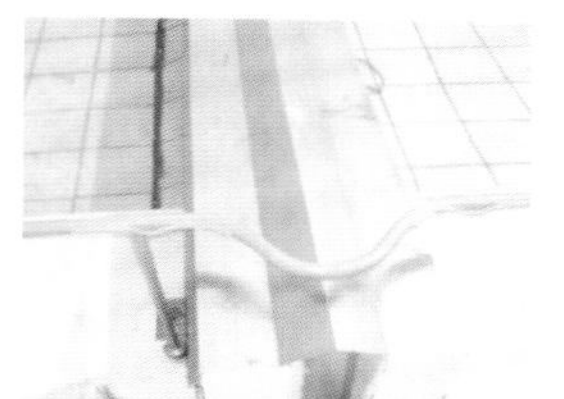

屋面女儿墙上避雷带安装样板

消火栓箱安装

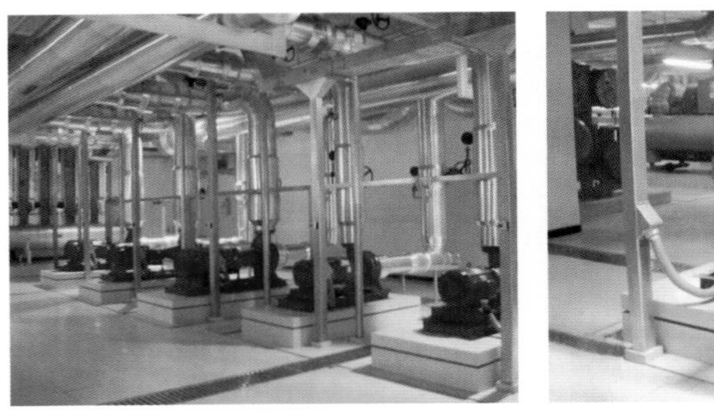

卧式水泵安装

消防水泵安装

水泵安装标准基础

3 质量通病图解（常见错误分析）

3.1 概述

3.1.1 建筑工程质量概念

建筑工程质量反映建筑工程满足相关标准规定或合同约定要求的程度，包括建筑工程在安全、使用功能、耐久性、环境保护等方面所有的明显和隐含能力的特性。

3.1.2 建筑工程质量通病概念

建筑工程质量通病指建筑工程中经常发生的、普遍存在的一些工程质量问题。换言之，就是建筑工程质量不满足相关标准规定或合同约定要求，在安全、使用功能、耐久性能、环境保护、观感等方面存在明显的和隐含的质量问题。

3.1.3 建筑工程质量通病产生的原因

1. 工程建设规模与合格的专业从业人员的数量不匹配。
2. 从业人员的专业知识与工程建设的技术要求不匹配。
3. 从业人员对相应的施工与验收规范掌握不全面。
4. 在工程建设过程中，不严格执行设计、施工和验收规范。
5. 工程设计图纸标示得不全面，设计不规范。
6. 施工人员未全面掌握设计图纸要求。
7. 原材料的质量把关不严格。

3.1.4 建筑工程质量通病的危害

1. 不能满足用户的生活需求。

2. 影响用户的正常使用。
3. 影响工程使用功能的正常发挥。
4. 影响工程的使用寿命。
5. 引发用户不满甚至社会的不稳定。
6. 严重影响工程质量的提高。

3.1.5 建筑工程质量通病的治理

建筑工程质量通病的治理应采取策划先行、过程控制、强化验收等综合措施。从目前安装工程存在的质量问题看，问题产生的主要原因是没有严格按相关规范及设计文件要求进行策划与施工，节点部位不按规范及相关标准图集的做法实施，在没有创新的情况下随意施工。因此，认真贯彻落实相关规范，严格按照相关规范的要求策划与施工是治理建筑工程质量通病的有效途径。

3.2 建筑电气及火灾自动报警系统安装常见质量通病

1. 电气管线或桥架经过沉降缝、伸缩缝、抗震缝等无补偿措施。

电管过伸缩缝无补偿措施

桥架过伸缩缝无补偿措施

存在隐患：建筑物发生不均匀沉降，导致隐患处电气管线、桥架变形或断裂。

预防措施：管线或桥架经过建筑物的变形缝（沉降缝、伸缩缝、抗震缝等）时应采取补偿措施，导线跨越变形缝的两侧应固定并留有适当余量。

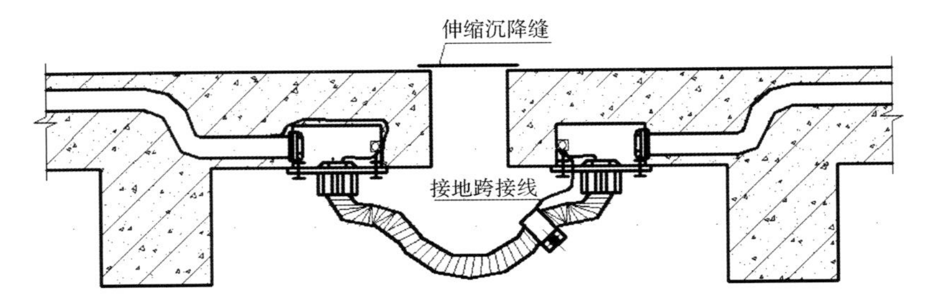

暗敷电管过伸缩缝（沉降缝）的补偿措施

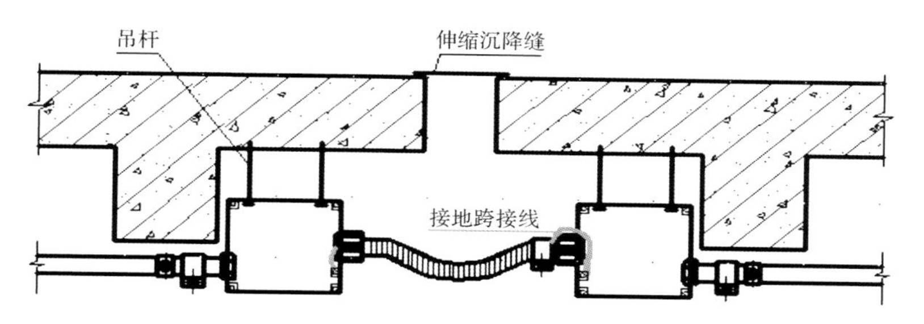

明敷电管过伸缩缝（沉降缝）的补偿措施

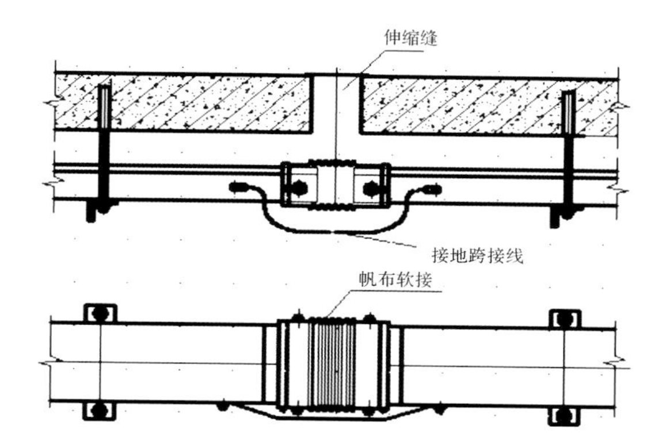

桥架过伸缩缝（沉降缝）采用防火帆布的补偿措施

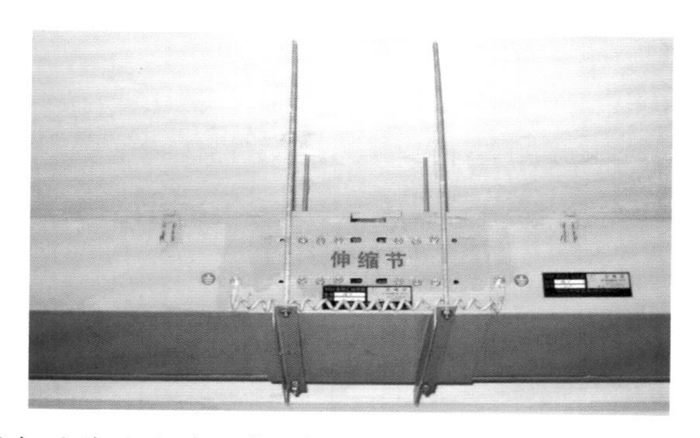

桥架过伸缩缝（沉降缝）采用成品伸缩节的补偿措施

2. 非镀锌金属桥架接地跨接处油漆未刮除；镀锌金属桥架连接处无防松螺母或防松垫片。

非镀锌金属桥架接地跨接处油漆未刮除

镀锌金属桥架连接处无防松措施

存在隐患：金属桥架保护接地断接或接地不可靠。

预防措施：非镀锌金属桥架接地跨接处在桥架与接地线之间增加爪形垫片，利用爪型垫片尖爪在螺栓紧固时刺破漆层以达到接触良好的目的；镀锌金属桥架在连接板的两端各增加 2 个防松螺母或防松垫片，即 1 片连接板 4 个防松螺母或防松垫片，1 处接头 2 片连接板，1 处共 8 个防松螺母或防松垫片。

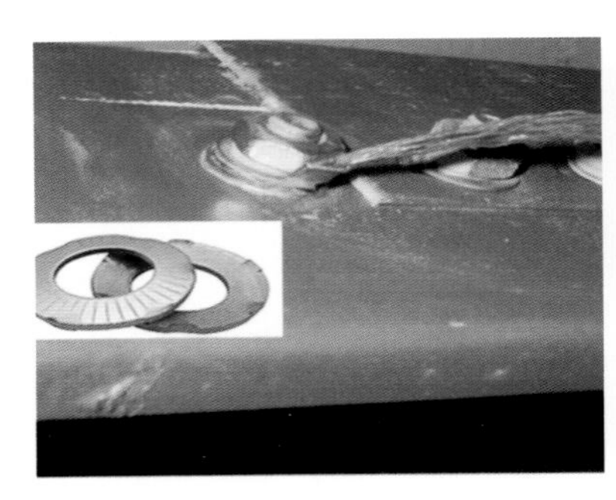

非镀锌金属桥架跨地连接处增加爪形垫片

镀锌金属桥架连接处螺栓增加弹簧垫圈

3. 桥架穿越防火分区墙无封堵。

桥架穿越防火分区，分隔墙墙洞无封堵

存在隐患：助长火灾漫延。

预防措施：桥架穿越孔洞空隙较小时，可采用无机堵料防火灰泥，或有机堵料如防火泥、防火密封胶等辅以矿棉填充材料，或防火泡沫等封堵；桥架穿越孔洞空隙较大时，可采用防火涂层矿棉板、防火板、阻火包、无机堵料防火灰泥、有机堵料如防火发泡砖等封堵。

桥架（母线槽）穿越防火分区的封堵

4. 消防报警按钮保护管暗敷，墙面保护层厚度小于 30mm。

消防报警按钮电管墙内敷设过浅，未达到埋深 30mm 的规范要求

存在隐患：当发生火灾时，管线易受到损伤。

预防措施：墙内配管开槽前，应清楚所配电管的属性，一般电管的保护层厚度大于 15mm，消防报警系统电管的保护层厚度必须大于 30mm。依据暗配管管径，开槽前在墙上做相应标注；开槽后利用钢直尺或钢卷尺检查墙槽深度及宽度，直至符合要求。对于消防报警系统的线管，墙面配管开槽时，槽的深度必须大于 30mm+ 管径，配管完成后用水泥砂浆封堵墙面。

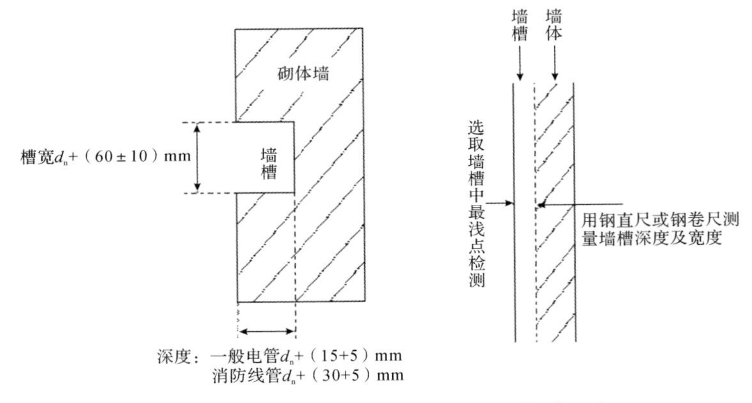

砖墙配管开槽尺寸简图（d_n 为配管管径）

5. JDG 镀锌电管连接处缺坚固螺钉或坚固螺钉头未拧断及 KBG 镀锌电管连接处缺扣压点或扣压点数量少于技术规程的要求。

JDG 镀锌电管连接处缺坚固螺钉

JDG 镀锌电管连接处坚固螺钉头部未拧断

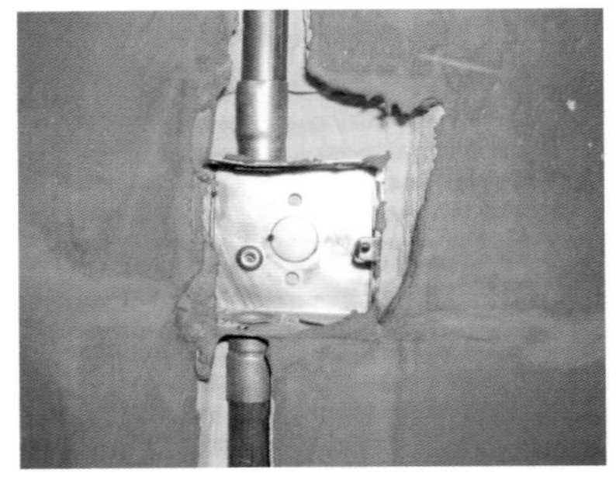

KBG 镀锌电管连接处缺扣压点

KBG 镀锌电管连接处扣压点数量不足

存在隐患：电管连接松散，金属电管接地连续性缺失。

预防措施：JDG 镀锌电管的连接件采用厂家配套的产品，其连接件坚固螺钉必须拧紧至螺钉头部断裂为止；KBG 镀锌电管的连接件采用厂家配套的产品，其连接件的扣压点不少于 2 点，管径大于等于 DN32 的管件扣压点不少于 3 点。

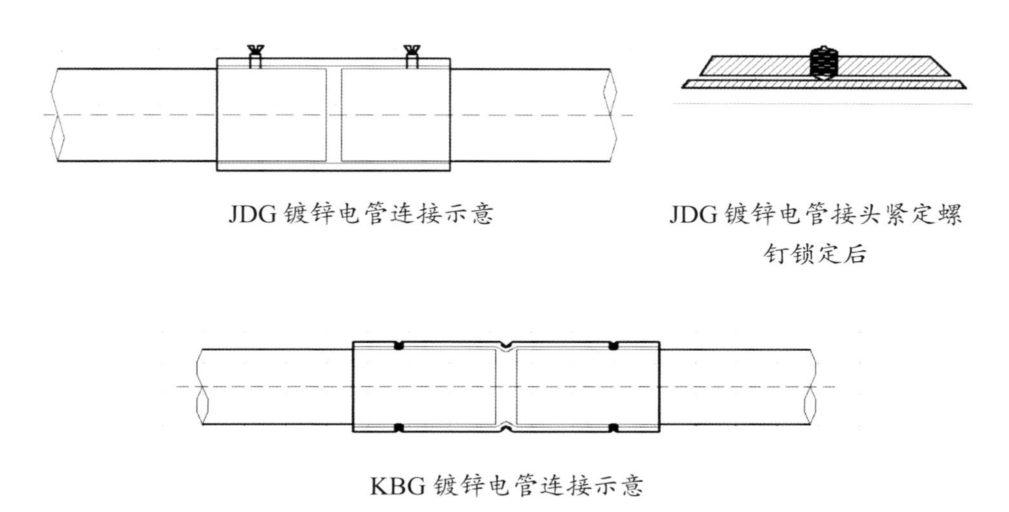

JDG 镀锌电管连接示意

JDG 镀锌电管接头紧定螺钉锁定后

KBG 镀锌电管连接示意

6. 接地系统：圆钢与圆钢单面焊、圆钢与扁钢单面焊；扁钢与扁钢十字焊（或搭接）。

圆钢与圆钢、圆钢与扁钢均为单面焊接

扁钢与扁钢十字焊（搭接）

存在隐患：人为减少了雷击电流的导通面积，如圆钢与圆钢单面焊减少 50% 导通面积，单面焊缝加长导通面积同样减少 50%，导致雷击大电流通过焊接部位，焊接部位易熔断。

预防措施：施工严格按规范要求实施，圆钢与圆钢、圆钢与扁钢必须双面焊接，且焊缝长度必须大于 6 倍圆钢直径；扁钢与扁钢焊接，搭接长度大于 2 倍扁钢宽度，施焊应不少于 3 面。

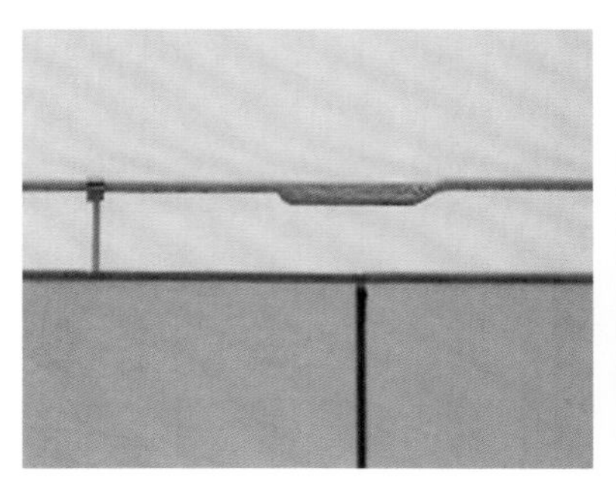

圆钢与圆钢、圆钢与扁钢双面焊，焊缝长度＞ $6d$（d 为圆钢直径）

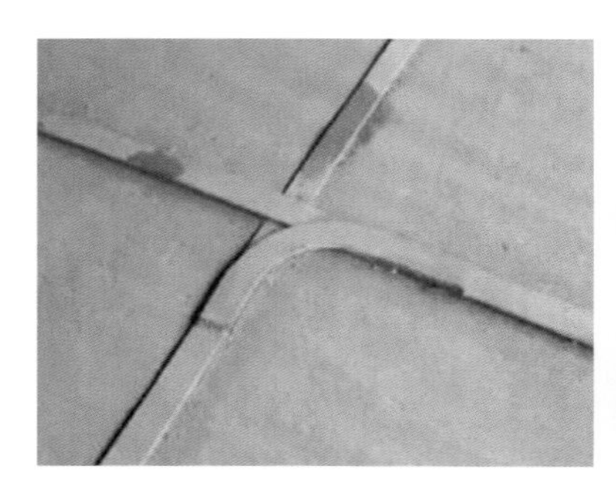

扁钢与扁钢搭接长度＞ $2b$（b 为扁钢宽度），3 面焊接

7. 镀锌电管焊接。

镀锌钢管连接采用套管焊接

存在隐患：电管镀锌层被破坏，电管可能被焊穿。

预防措施：镀锌电管明敷、暗敷均不允许焊接，必须采用套管丝扣连接，同时做好接地跨接。

镀锌钢管采用丝扣连接及接地跨接

8. 同一建筑物或构筑物的电线绝缘层颜色选择不一致。

插座线路导线颜色同为红色，难以区分相线、零线、地线

存在隐患：竣工交付后用户分不清每根导线的功能，给日后维护造成麻烦且容易发生危险。

预防措施：按需采购不同颜色的导线。相线颜色黄、绿、红（分别对应A相、B相、C相），零线蓝色，地线黄绿双色。除此外其他颜色可作为开关线，但同一建筑物或构筑物内的开关线颜色应相同。

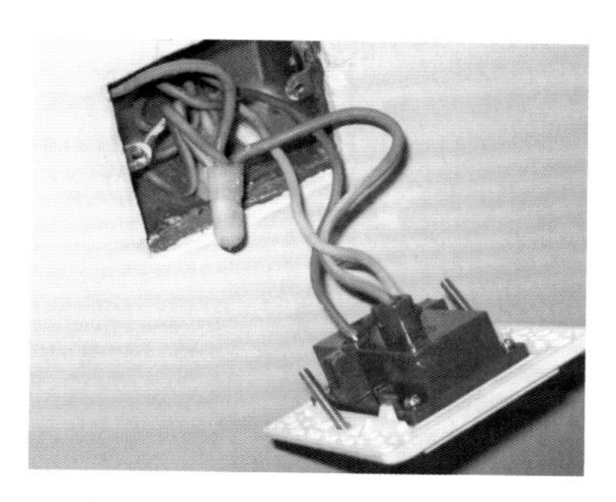

插座线路导线颜色符合规范要求

9. 消防模块、楼宇设备自动化（BA）控制模块等在配电柜（箱）中随意放置。

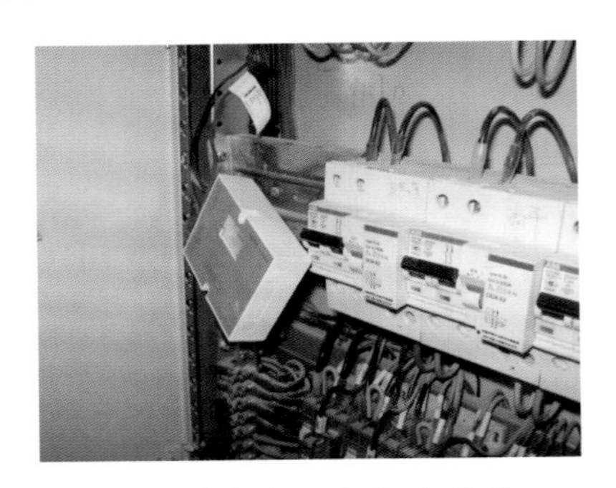

消防模块在配电柜中悬挂

存在隐患：增加的模块（配件）导线接头受力牵引，不便于线路的检修、维护。

预防措施：熟悉电气系统图、消防控制系统图、弱电 BA 控制系统图，了解相关模块（配件）的性能、规格（外形尺寸）与安装要求，在配电柜（箱）订货时将以上模块信息告知厂家，预留安装位置与接线端子。对于未预留安装位置的模块（配件），由电气安装人员选择固定位置及固定方式并完成安装固定。各相关专业人员应加强工作沟通，在配电柜（箱）内安装模块（配件）前应告知电气专业技术人员，便于统筹安排。

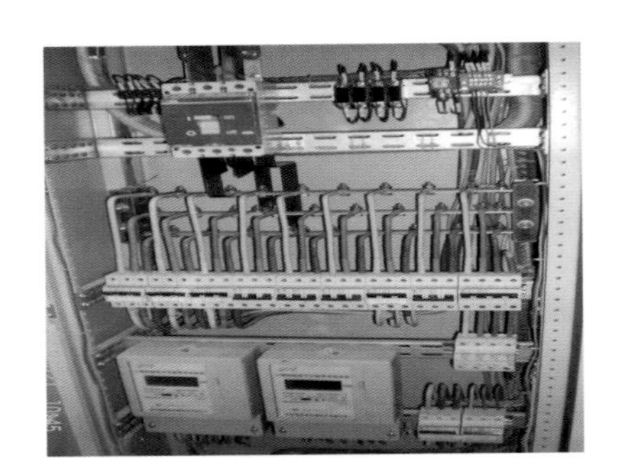

消防模块在配电柜中固定安装

10. 柜、箱（盘）内二次配线不规范、导线回路无标识。

柜内配线乱且无标识

多股线未搪锡且一端多线

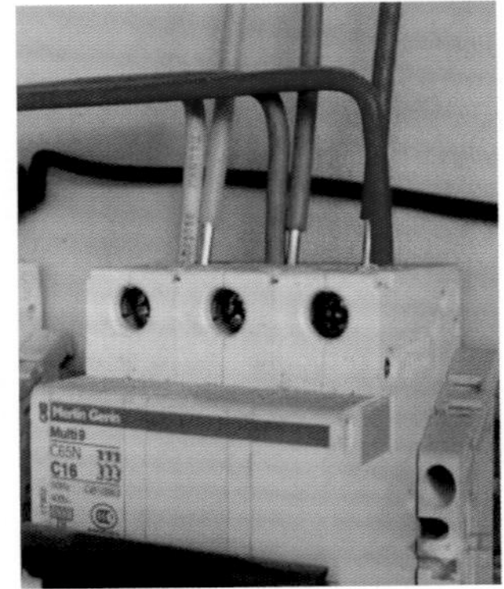

导线芯线外露

存在隐患：柜、箱（盘）内二次配线不规范，进出线无标识，给调试及交工后的检（维）修工作带来不便。若电流回路与弱电回路混合敷设，弱电回路有可能受到电流回路的电磁干扰，导致信号传输偏差。多股导线线头如不搪锡，与端子排或电器连接时芯线易受损，导线截面减少，载流量减少。一个接线端子承接 2 根以上的导线，易导致接线压接不紧，易受振动或环境温度变化松动，引起导线载流量减少及接头处发热，甚至烧毁接头。导线芯线外露，易导致触电事故。

预防措施：按柜（箱）内二次配线工艺流程操作。导线（电缆）进柜（箱）后，校线、标识、理线（分类、顺直）、绑扎（或沿线槽）整齐至相应接线端子，断线、按需剥绝缘层、套标识管（牌）、接线。

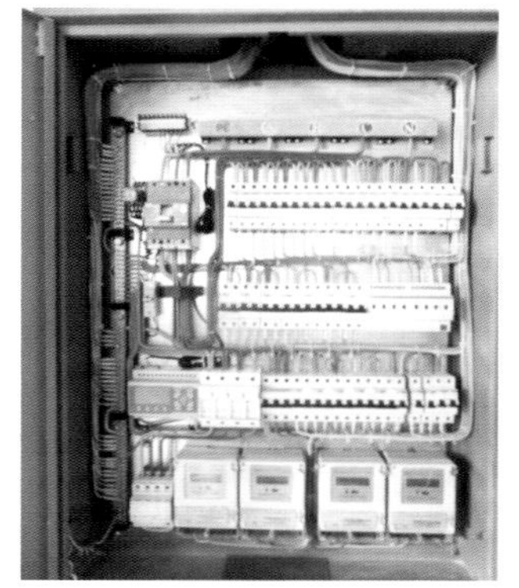

配电箱内二次配线整齐，接地软线（多股线）搪锡后连接，标识清晰

3.3　给排水系统（含消防栓及喷淋系统）安装常见质量通病

1. 地下室及大空间管线明敷安装未经综合优化，管道支架杂乱无章。

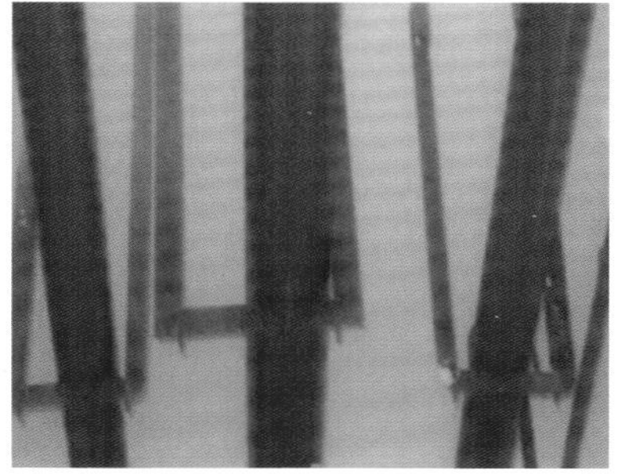

管道安装未采用综合支架，整体观感质量差

存在隐患：安装材料、人工、时间消耗增多。

预防措施：安装前进行综合优化，可利用 BIM 技术对管线排布进行深化设计，集中布置管线，采用综合支架，提升安装观感质量。

地下室管线安装采用综合支架，明显提升安装整体观感质量

2. 镀锌管道安装丝扣连接处麻丝未清除，外露丝扣未防腐。

消防喷淋管道丝扣连接处麻丝未清除，外露螺纹未防腐，观感质量不合格

存在隐患：管道外露丝扣处镀锌层被破坏，未防腐易导致此处腐烂；麻丝未清除，严重影响安装观感质量。

预防措施：管道安装过程中及时清除麻丝，同时对外露丝扣进行防腐处理。

消防喷淋管道连接处防腐到位

镀锌钢管丝扣连接处防腐到位

3. 管道伸缩节（补偿装置）一端或两端未设支架。

管道伸缩节一端未设支架　　管道伸缩节两端均未设支架

存在隐患：管道伸缩节（补偿装置）一端设置支架，导致另一端（无支架端）受管道应力影响而拉伸，失去补偿作用。

预防措施：管道伸缩节（补偿装置）安装时，其两端必须设置支架，需确保伸缩节（补偿装置）不受外力影响。

管道伸缩节两端设置支架

4. 管道卡箍连接，其卡箍接头处未设置支架。

管道卡箍接头处缺少支架

存在隐患：管道卡箍连接处未设置支架，导致该处受管道重量及管内介质的动能影响而出现卡箍松动，发生渗漏。

预防措施：管道卡箍连接处设置支架，尤其是管道弯头处必须设置支架。

管道卡箍连接处设置支架

5. 梁上固定支架螺栓孔偏低或偏高。

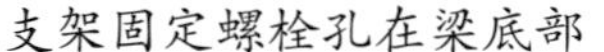

支架固定螺栓孔在梁底部　　支架固定螺栓孔在梁顶部

存在隐患：梁底部及梁顶部是土建结构钢筋布置密集部位，在此两部位钻孔易碰到梁内钢筋，同时对土建结构产生破坏作用。

预防措施：梁上固定的支架的螺栓孔应在梁体中部，且必须高于梁底 100mm；需根据梁的高度定制支架及确定支架的固定螺栓孔位。

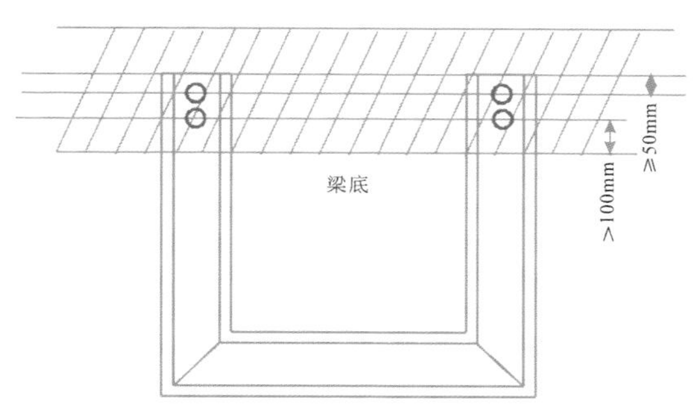

支架梁上固定螺栓钻孔位置示意

梁上固定支架螺栓孔在梁中部

6. 支架固定在梁底部。

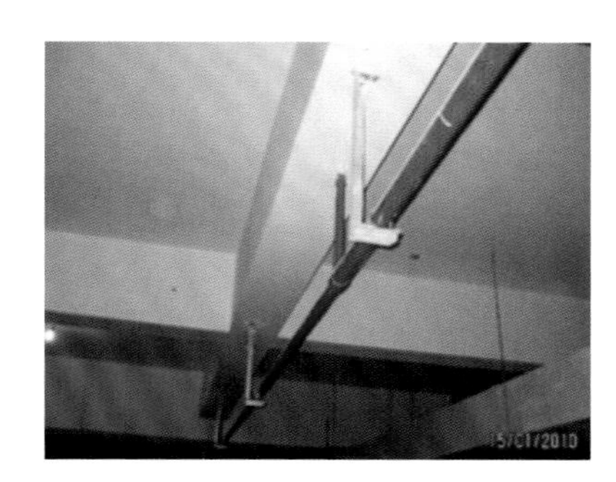

支架在梁底部固定

存在隐患：梁底部是土建结构钢筋密集部位，在此部位钻孔易碰到梁内钢筋，同时对土建结构产生破坏作用。

预防措施：做好支架安装技术交底，严禁在梁底部钻孔固定支架。

管道支架固定在梁侧面

7. 镀锌钢管与碳钢支架接触处未绝缘隔离。

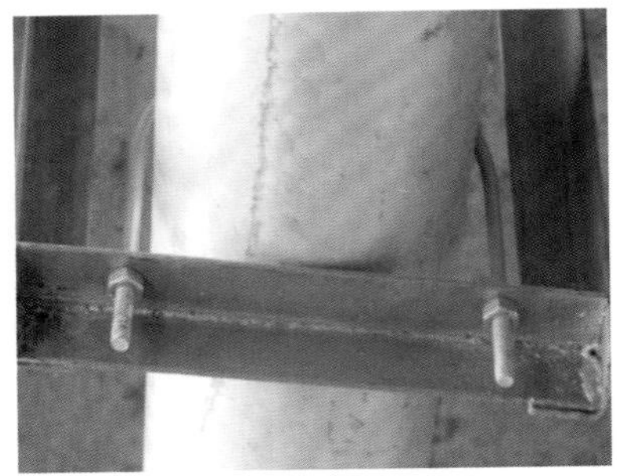

镀锌钢管与碳钢支架接触处未绝缘隔离

存在隐患：镀锌钢管与碳钢支架接触处易产生电化学反应，导致此处镀锌层腐蚀。

预防措施：在镀锌钢管与碳钢支架接触处增加 3~4mm 厚的绝缘橡胶垫，确保二者隔离。

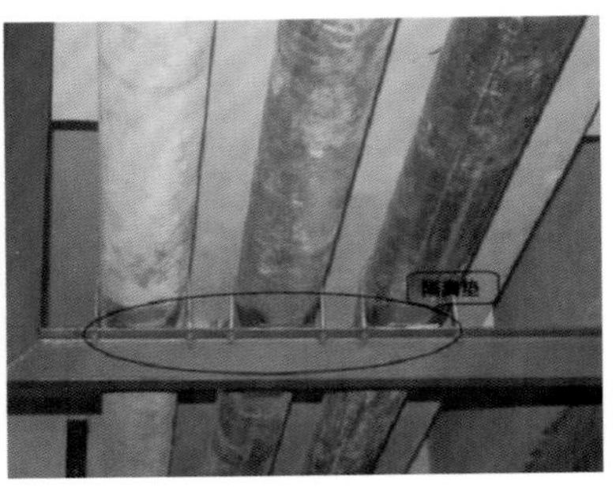

镀锌钢管与碳钢支架接触处增设绝缘橡胶垫

8. 支架气焊（电焊）切割及割孔。

支架气焊（电焊）切割及割孔

存在隐患：支架气焊切割，导致切割面不平整，易损伤作业人员；镀锌材料气焊切割，切割处镀锌层被破坏，易腐蚀。

预防措施：做好支架制作的技术交底，现场配备相关施工机具（切割机、台钻、电动液压钻孔器等），严禁支架气焊（电焊）切割及割孔。支架制作完毕应除锈，且在防腐涂层完成后，方可安装。

电动液压钻孔器

实操电动液压钻孔器槽钢钻孔

除锈后有防腐涂层的支架

9. 水泵出口软接头安装在立管上，且补救措施错误。

水泵出口软接头安装在立管上，硬性管道支撑，软接头受压

存在隐患：软接头下方为硬性支撑，上方受阀门、管道等重量压迫，失去软接头的作用。

预防措施：水泵出口软接头应安装在横管上，可避免其受外力影响。如遇安装场地狭小，软接头不得已安装在立管上的情况，必须采取相关措施确保其发挥作用。软接头下方的支撑应有一定的缓冲余地，上方阀门、管道的重量应用支架或吊架支撑，使重量不作用于软接头上。

软接头在立管上安装样图

软接头在水平管上安装样图

10. 消防水泵进水管安装采用下平偏心变径接头或同心变径接头。

进水管采用下平偏心变径接头

进水管采用同心变径接头

存在隐患：消防水泵进水管偏心大小头采用下平偏心变径接头或同心变径接头安装时，空气容易积存在偏心变径或同心变径处，导致此处产生气蚀。

预防措施：做好水泵配管安装的技术交底，进水管采用上平偏心变径接头与水泵进水口连接，水流中的空气向上走，气体直接进泵，不产生积存，确保水泵正常启动。

进水管采用上平偏心变径接头与水泵连接

11. 压力表的根部阀、旋塞阀（排气阀）安装错误。

压力表安装缺旋塞阀

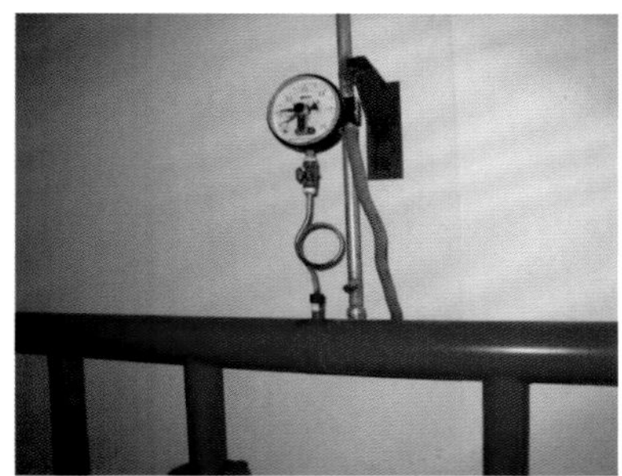

压力表安装缺根部阀

压力表旋塞阀安装部位错误

压力表旋塞阀安装部位错误

存在隐患：压力表根部阀的作用是保证压力表检修（换压力表）能够进行；旋塞阀的作用是排放管内空气，确保压力表检测的准确性。如不正确安装，压力表无法检修，压力测试值误差会增大。

预防措施：做好技术交底。压力表的正确安装方式为根部阀＋减振圈＋旋塞阀＋压力表。

压力表正确安装示意

12. 消火栓管道立管上安装机械三通。

消防立管上开机械三通

存在隐患：消防管道立管上开孔采用机械三通，违反相应规范及技术规程要求，降低了管道强度。

预防措施：做好管道安装的技术交底，消防管道立管上开支管需采用标准沟槽三通或四通。

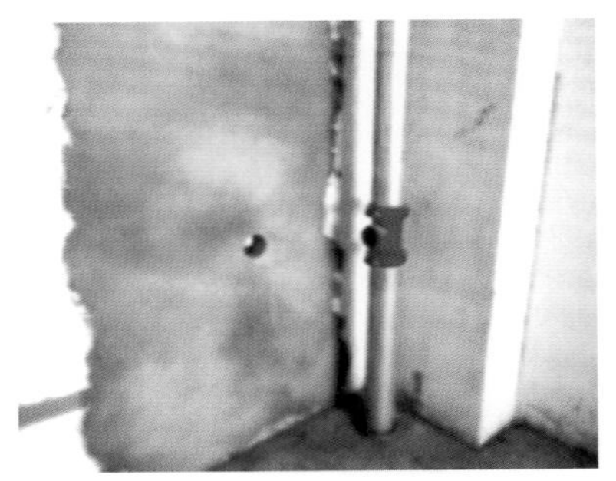

消防立管采用沟槽三通

13. 镀锌钢管直接对焊。

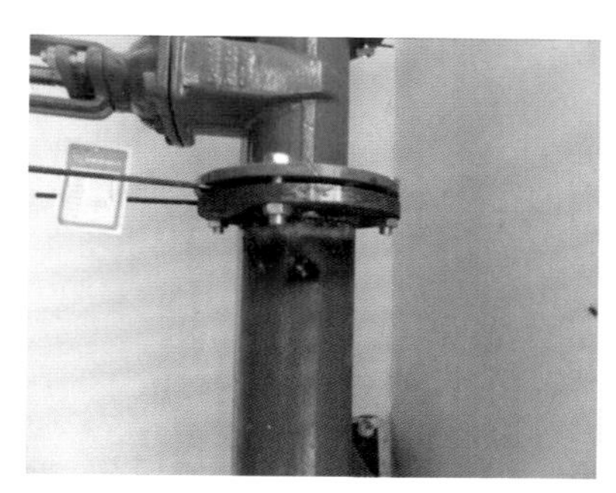

镀锌管道直接对焊

存在隐患：镀锌钢管直接对焊，违反规范强制性条文要求（镀锌钢管严禁焊接）；管道镀锌层被破坏，焊缝处易腐蚀。

预防措施：镀锌钢管严禁焊接；采用无缝钢管焊接法兰，镀锌后二次安装。

消防泵房无缝钢管预制、镀锌、二次安装过程

消防泵房无缝钢管预制、镀锌、二次安装结果

14. 成套消防稳压泵安装无减振措施。

成套消防稳压泵安装无减振措施

存在隐患：泵运行易导致楼板（屋面）受影响。

预防措施：检查成套消防稳压泵槽钢基础与泵体间是否设有减振装置（减振弹簧、减振垫等），若未设置，需在其槽钢框架与砼基础间设置减振装置，减少泵运行时对楼板（屋面）的影响。

成套消防稳压泵槽钢基础与砼基础间设置减振橡胶垫

15. 镀锌钢管承重支架采用腹板焊接。

镀锌钢管承重支架腹板焊接，镀锌层被破坏

存在隐患：镀锌钢管焊接处镀锌层被破坏，导致焊缝处易腐蚀。

预防措施：镀锌钢管承重支架可采用抱箍式承重支架；若采用腹板焊接法，焊后必须二次镀锌。

立管采用抱箍式承重支架

镀锌钢管承重支架腹板焊接，焊后二次镀锌

16. 管道 Y 型过滤器水平安装过滤网方向错误。

管道 Y 型过滤器水平安装过滤网朝上

存在隐患：过滤网朝上，管道内被过滤网挡住的杂物不能在重力的作用下进入滤网，在入口处被流体反复搅动，易导致管道堵塞或流量减少。

预防措施：安装管道过滤器时，需认清过滤器上的水流方向，使其与管道水流方向一致；过滤器水平安装时，其过滤网应朝下；过滤器在立管上安装，只能安装在水流向下的立管上。

过滤器在水平管道上安装

过滤器在立管上安装
（注意水流方向）

17. 消防泵、喷淋泵试水管未接入水池。

水泵试水管未接入水池

存在隐患：水泵试水管若不接入水池，水泵试水时水流放空，导致水资源的浪费。
预防措施：施工前审查消防水系统设计图，试水管若无接入水池的回路，提请设计增加。

消防泵、喷淋泵试水管已统一接入水池

18. 喷头梁边缘安装高度错误及梁底安装错误。

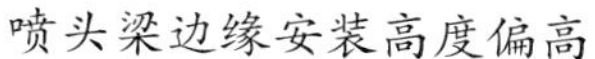

喷头梁边缘安装高度偏高　　梁底喷头距离顶板高度大于300mm

存在隐患：与《自动喷水灭火系统设计规范》（GB 50084—2017）相关条款要求不符，消防检测及验收存在不确定因素。

预防措施：根据设计图及规范要求对喷头布置进行深化设计。当喷头遇到梁或障碍物时应考虑到保护面积（受保护区应无盲区产生）及集热效应。若集热效应达不到要求，应增加喷头或增加集热装置。

根据喷头离梁的水平距离确定溅水盘离梁底的高度，原则上是喷水不能被梁挡住，同时应符合如下《自动喷水灭火系统设计规范》（GB 50084—2017）的强制性条文。

1）当在梁或其他障碍物底面下方的平面上布置喷头时，溅水盘与顶板的距离不应大于300mm，同时溅水盘与梁等障碍物底面的垂直距离不应小于25mm，且不应大于100mm。

2）当在梁间布置喷头确有困难时，溅水盘与顶板的距离不应大于550mm，如果到达550mm仍不能满足要求，应在梁底的下方增设喷头。

3）密肋梁板下方的喷头，溅水盘与密肋梁板底面的垂直距离不应小于25mm，且不大于100mm。

喷头遇梁等障碍物时，应根据离梁的距离 a 确定喷头离梁底的高度 b，但喷头离顶板的距离不能超过550mm（$c\leqslant550$mm）。

喷头在梁底或障碍物底部安装时，离梁底的距离 a 应大于25mm，小于100mm，离顶板距离不大于300mm。

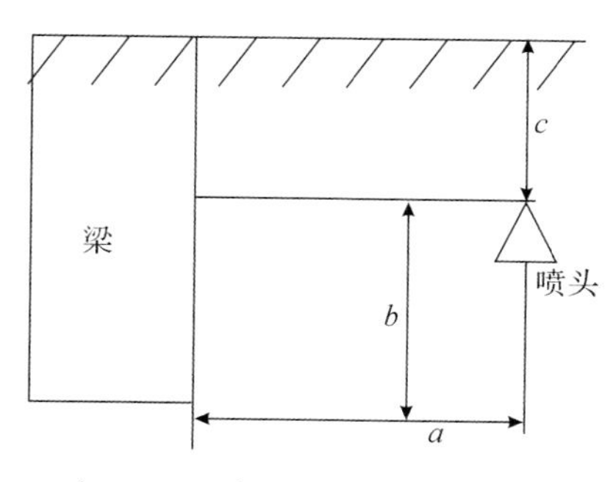

喷头遇梁等障碍物示意

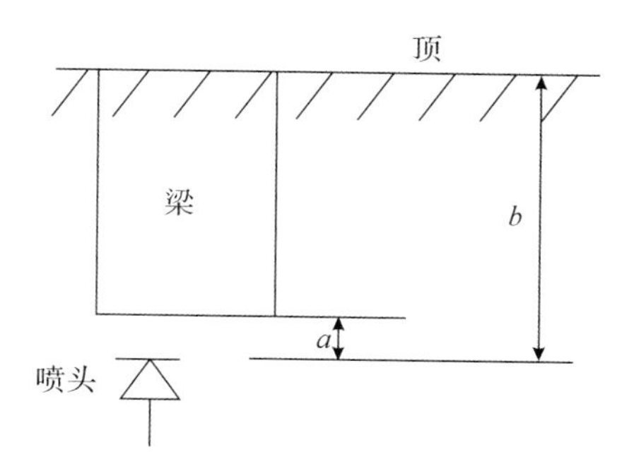

喷头在梁底或障碍物底部安装示意

地下室喷淋喷头布置局部图

19. 喷淋管道未冲洗安装喷头且带喷头试压。

喷淋管道安装阶段喷头已安装

存在隐患：喷淋管道安装过程中将会在管内产生一定的垃圾（杂物），如套丝产生的钢丝、连接产生的麻丝及其他杂物，喷头先期安装，试压时管内杂物将会集聚至喷淋支管喷头处，导致喷头出水口堵塞，甚至损坏喷头。

预防措施：喷淋管道安装必须遵循规范要求，喷淋管网安装完毕经试压冲洗后，方可安装喷头。喷淋管道水压实验可分层分段进行，喷头处用堵头代替拧紧，上水时最高点应有排气装置，高低点各装一块压力表，上水后检查管路有无渗漏，如有，应在升压前紧固，升压后再发现渗漏时做好记号，卸压后处理，必要时做泄水处理。水压试验合格后进行管道冲洗，待管内垃圾冲刷完，水质清晰后停止，拆除堵头排水后安装喷头。

喷淋管道试压（喷头处堵头替代）

20. 消防（喷淋）主管穿梁敷设（主梁后期开孔）。

消防（喷淋）主管穿梁敷设（主梁后期开孔）

存在隐患：主梁开孔直径大于100mm，梁体结构受到破坏。若无设计认可，安装单位及相关人员将承担后期结构问题的责任。

预防措施：安装工程施工前全面仔细地审图，对主管穿越主梁敷设的部位，提请设计院作相应设计变更，加强开孔周围的配筋，并留置预埋套管。对于施工后期在主梁上开孔，必须出具工程联系单，事先获得设计院确认同意，方可施工。严禁擅自在主梁上开孔。

土建结构施工梁中预埋套管

21. 镀锌钢管埋地敷设未防腐。

镀锌钢管埋地敷设未防腐

存在隐患：镀锌钢管无防腐埋地敷设，其镀锌层极易被腐蚀，尤其在酸性土质中，被腐蚀的速度更快，导致镀锌钢管管壁变薄烂穿。

预防措施：镀锌钢管埋地敷设前必须按照设计要求进行防腐处理；若设计无要求，必须按照规范要求进行防腐处理，最低达到“三油二布”（沥青 + 防腐布 + 沥青 + 防腐布 + 沥青）。

镀锌钢管埋地前做防腐处理

22. 喷淋系统报警阀组水力警铃未移出消防泵房。

水力警铃设置在消防泵房

存在隐患：如喷淋系统启动或误动作引发水力警铃报警，值班人员难以及时发现，导致事故发生。

预防措施：消防泵房安装策划阶段应考虑报警阀组水力警铃的安装位置，需使其满足设计及施工规范的要求，水力警铃应安装在有人值班的地点附近或公共通道外墙上，但最远不得超过报警阀组 20m，且应有序排水。

水力警铃设置在公共通道外墙上，排水管接入消防泵房

3.4　通风系统安装常见质量通病

1. 风管法兰表面不平整，同规格法兰螺栓孔不重合，法兰不具备互换性。

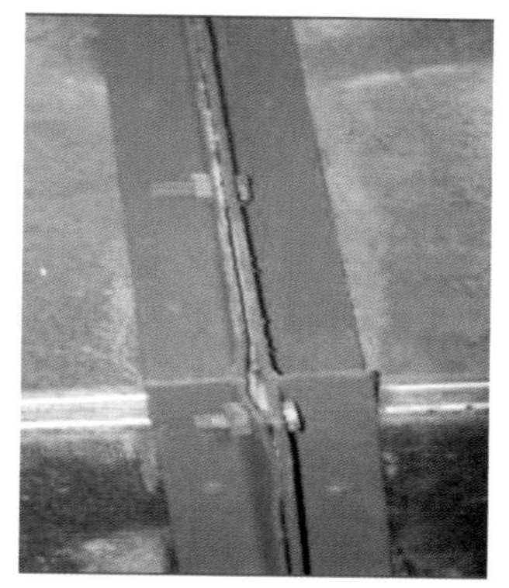
风管法兰表面不平整

同规格法兰螺栓孔不重合

存在隐患：风管法兰表面不平整导致其连接处密封不严，风量产生泄漏。同规格法兰螺栓孔不重合导致法兰连接处螺栓无法对穿，难以连接。

预防措施：法兰平面度的允许偏差为2mm，同一批量加工的相同规格法兰的螺孔排列应一致，并具有互换性，风管法兰的焊缝应熔合良好、饱满，无虚焊。法兰的下料尺寸必须准确，在制作胎具时，必须保证四边的垂直度，对角线误差不得大于0.5mm。法兰按要求的螺栓间距分孔后，将样板按孔的位置进行正反方向旋转，以检验其互换性。法兰钻孔时，可将定位后的螺栓孔中心用样冲定点，防止钻头打滑产生位移。

风管法兰制作样板

2. 风管翻边不足、不均匀、不平整，法兰与风管轴线不垂直，法兰接口处不严密。

风管翻边不足、不均匀、不平整，法兰与风管轴线不垂直

存在隐患：风管连接处密封不严，风量泄漏导致风量减少，检测难以通过。

预防措施：为了保证管件的制作质量，防止管件制成后出现扭曲、翘角和管端不平整现象，在展开下料过程中应对矩形风管进行严格的角方检查。风管在套入法兰前，应按规定的翻边尺寸进行严格的角方检查，无误后，方可进行铆接翻边，铆接应牢固，不应有脱铆和漏铆现象。风管翻边应平整、紧贴法兰，翻边宽度应一致，且不应小于 6mm，咬缝与四角处不应有开裂与孔洞。

风管翻边及法兰铆接样板

3. 风管密封垫片及风管连接不符合要求。

风管连接处密封垫不平整

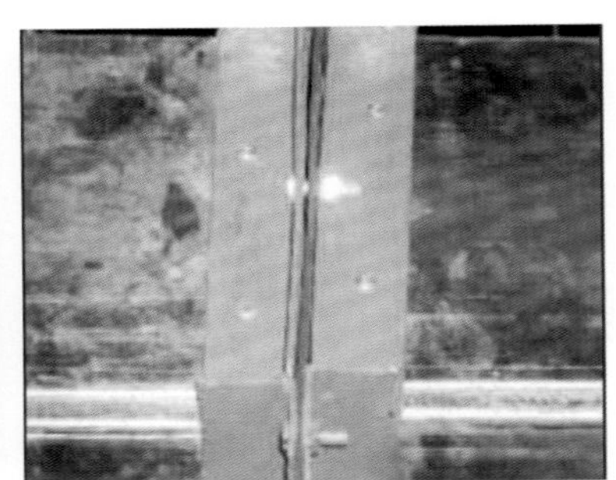

风管连接处不平整

存在隐患：风管连接处不平整，产生风量泄漏，风量检测难以满足要求。

预防措施：应根据施工质量验收规范要求，为不同功能的风管系统选用不同材质的密封垫片，垫片材质应符合系统功能的要求（如防排烟风管可选用石棉绳作为密封材料），风管法兰的厚度不应小于3mm，垫片不应凸入管内，亦不宜凸出法兰外。严格按照施工工艺要求进行施工。法兰周边的螺栓紧固不得对某个螺栓一次拧紧，须对称依次拧紧，每次拧紧螺栓的程度应该一致，其螺母宜在同一侧。风管接口的配置，不得缩小其有效截面。风管接口的连接应严密、牢固。

风管连接样板

4. 风管柔性短管偏长且前后风管中心线不一致，观感欠佳。

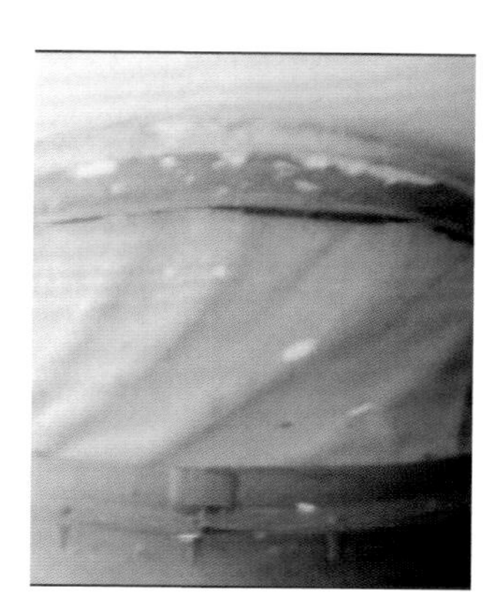

风管柔性短管偏长

存在隐患：柔性短管安装成形后表面扭曲、塌陷、褶皱、不正，观感差。

预防措施：柔性短管的长度一般宜为150~300mm，其连接处应严密、牢固可靠；设于结构变形缝的柔性短管，长度宜为变形缝的宽度加100mm。柔性短管应选用防腐、防潮、不透气、不易霉变的柔性材料，用于空调系统的柔性短管应采取防止结露的措施，用于净化空调系统的应采用内壁光滑、不易产生尘埃的材料。

柔性短管前后的风管与风管，或风管与设备接口在安装时应确保其中心线在一条直线上，柔性短管不应作为找正、找平的异径连接管。

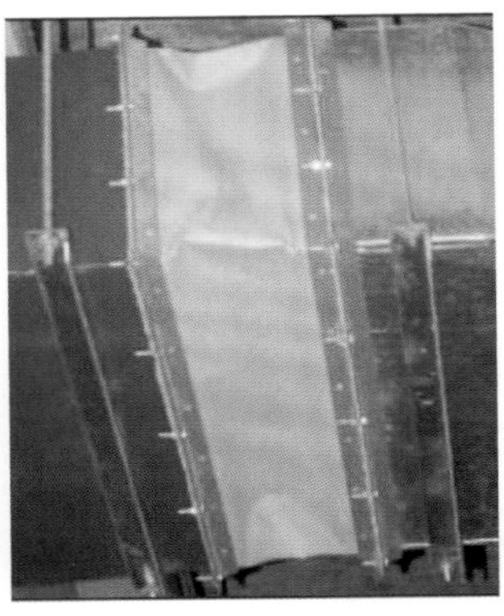

风管柔性短管连接样板

5. 防火阀未单独设置支吊架，防火阀距墙面距离大于200mm。

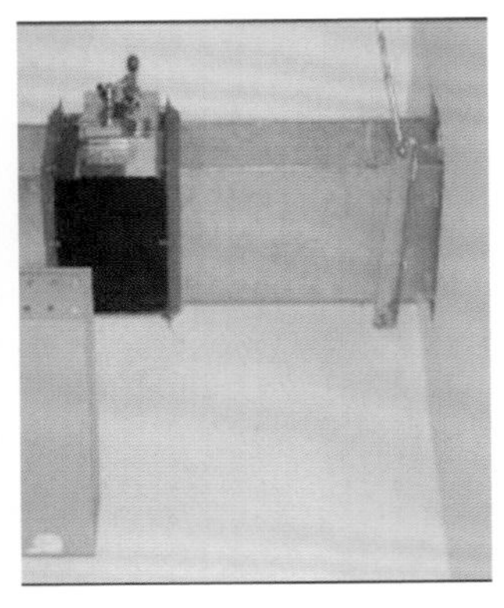

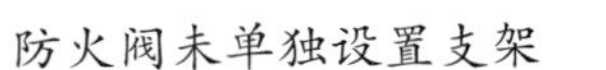

防火阀未单独设置支架　　防火阀距墙面距离大于200mm

存在隐患：当发生火灾时，防火阀未单独设置支吊架，风管受热后无法承载防火阀的重量，导致防火阀与风管连接处断裂，失去防火功能；防火阀距墙面距离大于200mm，即此处风管的长度大于200mm，火灾发生时风管易受到影响而烧毁，失去防火功能。

预防措施：加强安装前的技术交底、过程控制，以及工序交接检查，严格按规范要求执行。防火阀直径或边长尺寸大于等于630mm时，应设置独立支吊架；排烟阀（排烟口）及手控装置（包括预埋套管）的位置应符合设计要求，防火阀、排烟阀（口）的安装方向、位置应正确。防火分区隔墙两侧的防火阀，距墙表面不应大于200mm。

防火阀单独设置支架

防火阀离墙距离符合要求

6. 风管支吊架的间距过大，未设置防晃支架。

风管支架间距过大及缺少固定（防晃）支架

存在隐患：风管安装支吊架间距过大及风管末端、超过30m的直线段、转角等部位缺少固定（防晃）支架，均将导致风管运行时的不稳定，风管产生晃动，甚至产生风噪，影响整条风管安装的牢固性。

预防措施：严格遵守规范中的风管支吊架间距要求。风管水平安装时，若其直径或长边尺寸小于等于400mm，其支吊架间距不应大于4m；若其直径或长边尺寸大于400mm，其支吊架间距不应大于3m。对于薄钢板法兰的风管，其支吊架间距不应大于3m。风管垂直安装时，其支吊架间距不应大于4m，单根直管至少应有2个固定点。支吊架不宜设置在风口、阀门、检查门及自控机构处，离风口或插接管的距离不宜小于200mm。

风管安装支架间距及固定（防晃）支架设置合理

7. 风管穿越防火、防爆的墙体或楼板处未设防护套管。

风管穿越防火、防爆的墙体或楼板处未设防护套管

存在隐患：封堵的水泥砂浆必将与风管表面接触，接触处将产生酸碱腐蚀，导致风管腐烂。

风管处的腐蚀

预防措施：向作业人员强调风管穿过防火、防爆的墙体或楼板处设置预埋管或防护套管是规范强制性条文要求的，必须严格执行，并对具体做法进行严格交底。在风管穿过需要封闭的防火、防爆的墙体或楼板时，应设预埋管或防护套管，钢板厚度不应小于1.6mm。风管与防护套管之间，应用不燃且对人体无危害的柔性材料封堵。从节省成本和方便施工的角度考虑，不需做绝热处理的风管建议设预埋管，需要做绝热的风管建议设防护套管。

附　件

附件 1　在建工程项目安全质量大检查评价表[①]

工程名称		工程地点			
项目负责人		施工进度			
检查类别	检查项目		综合评价		
			正确	部分正确	错误
安全文明施工	现场施工人员安全帽统一，佩戴正确				
	现场施工人员工作服统一，穿戴整齐				
	项目部、现场仓库及加工场责任制牌悬挂正确，项目应急小组成员姓名及联系方式上墙明示				
	项目负责人到位情况				
	施工人员未被拖欠工资				
	施工人员劳动合同签订、意外伤害保险办理情况				
	与业主、施工总包、监理的关系协调情况				
	施工日记记录齐全，每日安全活动记录齐全				
	现场环境综合保护情况，工完场清情况				
	其他文明施工管理情况				
安全生产管理	三级安全教育执行情况、教育卡填写情况				
	三级安全教育职工考核情况				
	开工安全交底情况（公司级安全交底）				
	周安全交底情况（项目级安全交底）				

① 由浙江快达建设安装工程集团有限公司依据相关现行施工规范编制。

续 表

<table>
<tr><td colspan="2">工程名称</td><td></td><td>工程地点</td><td colspan="3"></td></tr>
<tr><td colspan="2">项目负责人</td><td></td><td>施工进度</td><td colspan="3"></td></tr>
<tr><td rowspan="2">检查类别</td><td colspan="3" rowspan="2">检查项目</td><td colspan="3">综合评价</td></tr>
<tr><td>正确</td><td>部分正确</td><td>错误</td></tr>
<tr><td rowspan="7">安全生产管理</td><td colspan="3">日安全交底情况（班组级安全交底）</td><td></td><td></td><td></td></tr>
<tr><td colspan="3">项目安全检查记录（可与质量检查同时进行）</td><td></td><td></td><td></td></tr>
<tr><td colspan="3">员工安全责任制签订情况</td><td></td><td></td><td></td></tr>
<tr><td colspan="3">现场临时用电情况</td><td></td><td></td><td></td></tr>
<tr><td colspan="3">现场乙炔、氧气瓶安全使用情况</td><td></td><td></td><td></td></tr>
<tr><td colspan="3">易燃易爆危险品的隔离存放</td><td></td><td></td><td></td></tr>
<tr><td colspan="3">其他</td><td></td><td></td><td></td></tr>
<tr><td rowspan="5">材料管理</td><td colspan="3">材料申购、审批制度及执行情况</td><td></td><td></td><td></td></tr>
<tr><td colspan="3">材料到货检验制度及执行情况</td><td></td><td></td><td></td></tr>
<tr><td colspan="3">仓库材料台账、领用制度及执行情况</td><td></td><td></td><td></td></tr>
<tr><td colspan="3">仓库材料堆放整齐、悬挂标识牌</td><td></td><td></td><td></td></tr>
<tr><td colspan="3">危险品仓库的设置</td><td></td><td></td><td></td></tr>
<tr><td rowspan="7">技术资料</td><td colspan="3">项目部配置施工规范、图集及有效版本情况</td><td></td><td></td><td></td></tr>
<tr><td colspan="3">施工图会审及交底情况</td><td></td><td></td><td></td></tr>
<tr><td colspan="3">施工组织设计及施工方案的编制与审批情况</td><td></td><td></td><td></td></tr>
<tr><td colspan="3">开工及关键部位的技术交底情况</td><td></td><td></td><td></td></tr>
<tr><td colspan="3">施工技术资料的填写及与施工进度的同步情况</td><td></td><td></td><td></td></tr>
<tr><td colspan="3">隐蔽工程的验收及影像资料的收集情况</td><td></td><td></td><td></td></tr>
<tr><td colspan="3">其他</td><td></td><td></td><td></td></tr>
<tr><td rowspan="8">安装质量管理（通用部分）</td><td colspan="3">管线集中区域深化设计（机房、地下室等部位）情况</td><td></td><td></td><td></td></tr>
<tr><td colspan="3">支架制作、防腐满足设计及规范要求</td><td></td><td></td><td></td></tr>
<tr><td colspan="3">支架安装成排成线、标高一致</td><td></td><td></td><td></td></tr>
<tr><td colspan="3">桥架、风管安装中防晃支架的设置情况</td><td></td><td></td><td></td></tr>
<tr><td colspan="3">镀锌管道、桥架、风管与碳钢支架的绝缘隔离</td><td></td><td></td><td></td></tr>
<tr><td colspan="3">管道、桥架、风管、电管等过伸缩（沉降）缝的措施</td><td></td><td></td><td></td></tr>
<tr><td colspan="3">屋面金属构件、配管、设备及非金属独立件的接地</td><td></td><td></td><td></td></tr>
<tr><td colspan="3">安装各专业的标识</td><td></td><td></td><td></td></tr>
</table>

续 表

工程名称		工程地点			
项目负责人		施工进度			
检查类别	检查项目		综合评价		
			正确	部分正确	错误
安装质量管理（电气系统与自动报警系统）	电气预埋质量符合规范及设计要求，隐蔽资料齐全				
	建筑防雷接地焊接符合设计及规范要求				
	电气配管（镀锌管、黑铁管、JDG 管、KBG 管、PVC 管等）连接符合各自要求，管与盒（箱）连接符合要求				
	桥架安装平整牢固，连接处接地跨接正确				
	电缆沟内支架安装整齐，接地可靠				
	配电（控制）柜安装横平竖直，基础槽钢设置正确				
	电气配线规格、颜色符合设计及规范要求				
	电气同一回路内的零线、接地线严禁串接				
	电缆敷设平整，电缆挂牌齐全				
	配电柜（箱）内接线整齐、标识齐全、封堵到位				
	配电室内配电柜上方严禁安装灯具、烟感、喷头				
	低于 2.4m 安装的灯具可靠接地				
	电气管线与设备连接可靠，室外设有防水弯				
	金属软管的使用长度：照明金属软管使用长度不超过 1.2m，动力金属软管使用长度不超过 0.8m				
	明敷消防电管的防火处理（外刷防火涂料）到位；暗敷消防电管的保护层厚度不少于 30mm				
	走廊（走道）上灯具、探测器、喷淋、广播等居中安装，排列整齐				
	消防手动火灾报警按钮、电话、应急照明设备、疏散指示设备安装高度符合要求				
	消防模块集中安装于模块箱内，标识齐全准确				
	消防控制柜安装于基础框架上，柜（箱）内接线整齐，标识齐全准确				
	消防报警系统线缆与强电线缆隔离敷设				
	室内安装的消防报警探头的指示灯应朝向房门处				
	其他质量检查事项				
安装质量（给排水系统）	管道穿砼楼板及墙体预埋套管应符合设计及规范要求，有水部位必须设置防水套管；隐蔽资料齐全				
	管道穿砼梁安装经设计同意，并预埋穿梁套管				
	镀锌钢管丝扣连接，外露丝扣 2~3 扣并做防腐处理，丝扣连接处麻丝清理干净				
	镀锌钢管法兰连接，法兰与镀锌钢管焊接处应做二次镀锌防腐处理				
	镀锌钢管卡箍连接，现场加工的沟槽深度与宽度应符合沟槽配件的要求，连接牢固可靠				

续　表

<table>
<tr><td colspan="2">工程名称</td><td></td><td>工程地点</td><td colspan="3"></td></tr>
<tr><td colspan="2">项目负责人</td><td></td><td>施工进度</td><td colspan="3"></td></tr>
<tr><td rowspan="2">检查类别</td><td colspan="3" rowspan="2">检查项目</td><td colspan="3">综合评价</td></tr>
<tr><td>正确</td><td>部分正确</td><td>错误</td></tr>
<tr><td rowspan="18">安装质量（给排水系统）</td><td colspan="3">PPR 管热熔连接，其熔接电流应符合 PPR 管生产厂家要求，熔接处应牢固可靠，外观平整</td><td></td><td></td><td></td></tr>
<tr><td colspan="3">UPVC 管胶接，应采用 UPVC 管生产厂家配套的管件，连接处涂胶均匀，连接牢固可靠</td><td></td><td></td><td></td></tr>
<tr><td colspan="3">球墨铸铁管柔性连接，橡胶密封圈摆放平整，法兰螺栓紧固均匀，连接牢固可靠</td><td></td><td></td><td></td></tr>
<tr><td colspan="3">管道立管安装，DN≤200mm 的立管，每 5 层安装承重支架，DN＞200mm 的立管，每 3 层安装承重支架</td><td></td><td></td><td></td></tr>
<tr><td colspan="3">室外埋地管道，地基应夯实平整并铺垫细砂，覆土前水压试验合格；卡箍连接不宜埋地敷设；镀锌钢管做防腐处理后再埋地敷设</td><td></td><td></td><td></td></tr>
<tr><td colspan="3">阀门安装前进行 10% 抽查试压，主管上起切断作用的阀门全部试压，合格后方可安装</td><td></td><td></td><td></td></tr>
<tr><td colspan="3">阀门安装，连接螺栓长短应统一，紧固后露出螺纹 2~3 扣，严禁螺杆端头缩在螺帽内</td><td></td><td></td><td></td></tr>
<tr><td colspan="3">保温管道安装应设置木托，木托厚度应不小于保温层厚度</td><td></td><td></td><td></td></tr>
<tr><td colspan="3">冷热给水管道上下平行安装，热水管在冷水管上方；左右平行安装，热水管在冷水管左侧</td><td></td><td></td><td></td></tr>
<tr><td colspan="3">排水管道水平敷设，安装坡度满足规范要求</td><td></td><td></td><td></td></tr>
<tr><td colspan="3">污水立管每隔一层设置检查口，在最低层及设有卫生器具的最高层必须设置检查口</td><td></td><td></td><td></td></tr>
<tr><td colspan="3">屋面透气管，不上人屋面高出屋面 300mm，上人屋面高出屋面 2m</td><td></td><td></td><td></td></tr>
<tr><td colspan="3">塑料排水管上的伸缩节，在立管上采用承插式伸缩节，在横管上采用锁紧式橡胶圈伸缩节</td><td></td><td></td><td></td></tr>
<tr><td colspan="3">建筑物层高≤4m，塑料排水立管上每层设置一个伸缩节；塑料排水横支管、横干管上的直线管段＞2m 应设置伸缩节；伸缩节间距≤4m</td><td></td><td></td><td></td></tr>
<tr><td colspan="3">塑料排水立管管径≥110mm，在楼板贯穿部位应设置阻火圈；≥110mm 的塑料排水横管与暗敷的立管连接，在横管贯穿墙体的部位应设置阻火圈</td><td></td><td></td><td></td></tr>
<tr><td colspan="3">排水主立管及水平干管管道均应做通球试验，通球的球径≥2/3 管道管径，通球率达到 100%</td><td></td><td></td><td></td></tr>
<tr><td colspan="3">管道与水泵、冷冻（空调）机组的连接为柔性连接，柔性短管不得强行对口，此处管道设置独立支架</td><td></td><td></td><td></td></tr>
<tr><td colspan="3">管道与风机盘管机组的连接，采用弹性接管或软接管，软管的连接应顺直牢固</td><td></td><td></td><td></td></tr>
</table>

续　表

<table>
<tr><td colspan="2">工程名称</td><td></td><td>工程地点</td><td colspan="3"></td></tr>
<tr><td colspan="2">项目负责人</td><td></td><td>施工进度</td><td colspan="3"></td></tr>
<tr><td rowspan="2">检查类别</td><td colspan="3" rowspan="2">检查项目</td><td colspan="3">综合评价</td></tr>
<tr><td>正确</td><td>部分正确</td><td>错误</td></tr>
<tr><td rowspan="15">安装质量（给排水系统）</td><td colspan="3">冷冻（空调）水系统金属管道的固定焊口远离设备接口；管道对接焊缝与支架的间距＞50mm</td><td></td><td></td><td></td></tr>
<tr><td colspan="3">安装在保温管道上的各类手动阀门，其手柄均不得朝向下方</td><td></td><td></td><td></td></tr>
<tr><td colspan="3">闭式系统管路在系统最高处及所有可能积聚空气的高点设置排气阀，管路最低点设置排水管及排气阀</td><td></td><td></td><td></td></tr>
<tr><td colspan="3">管道的保温材料采用不燃或难燃的产品，使用前对产品不燃或难燃性能进行检测，合格后方可使用</td><td></td><td></td><td></td></tr>
<tr><td colspan="3">在穿越防火隔墙两侧 2m 范围内管道的保温材料必须采用不燃材料</td><td></td><td></td><td></td></tr>
<tr><td colspan="3">管道保温层金属保护壳紧贴保温层，无脱壳、褶皱、强行接口等现象；接口的搭接顺水并有凸筋加强；室外水平管接口设置在管道中心线下 45° 部位</td><td></td><td></td><td></td></tr>
<tr><td colspan="3">喷淋管道的管架与喷头间距≥300mm，与末端喷头之间的距离≤750mm，末端喷头处应为防晃支架</td><td></td><td></td><td></td></tr>
<tr><td colspan="3">消防立管严禁机械三通开孔，其横管机械三通开孔间距≥500mm，机械四通开孔间距≥1000mm</td><td></td><td></td><td></td></tr>
<tr><td colspan="3">消防喷淋横管安装有 2‰ ~5‰的坡度坡向排水端</td><td></td><td></td><td></td></tr>
<tr><td colspan="3">喷头表面严禁有任何附加的装饰性涂层</td><td></td><td></td><td></td></tr>
<tr><td colspan="3">安装在易受机械损伤处的喷头，加设喷头防护罩</td><td></td><td></td><td></td></tr>
<tr><td colspan="3">当梁、风管、管道、桥架等的宽度大于 1.2m 时，增设的喷头安装在其腹面以下部位</td><td></td><td></td><td></td></tr>
<tr><td colspan="3">喷淋报警阀组的安装距地 1.2m，两侧距墙≥0.5m，正面距墙≥1.2m，阀组本体凸出部位之间相距≥0.5m</td><td></td><td></td><td></td></tr>
<tr><td colspan="3">喷淋报警阀组水力警铃安装在经常有人出入或者有人值班的地方，但其延长距离应≤20m</td><td></td><td></td><td></td></tr>
<tr><td colspan="3">其他质量检查事项</td><td></td><td></td><td></td></tr>
<tr><td rowspan="4">安装质量（通风系统）</td><td colspan="3">防火风管及其框架、密封垫料、固定支架等均由不燃材料制成，材料的耐火等级符合设计要求</td><td></td><td></td><td></td></tr>
<tr><td colspan="3">金属风管板材拼接的咬口缝错开，无十字形拼接缝出现</td><td></td><td></td><td></td></tr>
<tr><td colspan="3">中低压系统的风管法兰上螺栓或铆钉的孔距≤150mm，高压风管上孔距≤100mm；矩形风管法兰的四角钻有螺栓孔或铆钉孔</td><td></td><td></td><td></td></tr>
<tr><td colspan="3">同一批加工的相同规格的风管法兰螺栓孔或铆钉孔排列一致，相同规格的法兰具有互换性</td><td></td><td></td><td></td></tr>
</table>

续　表

工程名称		工程地点		
项目负责人		施工进度		
检查类别	检查项目	综合评价		
		正确	部分正确	错误
安装质量（通风系统）	金属风管制作翻边平整，紧贴法兰，翻边宽度一致且≥6mm，其咬缝和四角处无开裂和孔洞			
	有机或无机玻璃钢风管的法兰螺栓孔间距≤120mm，矩形风管法兰的四角钻有螺栓孔			
	水平风管直径或长边≤400mm 时，管架间距≤4m；若其直径或长边＞400mm，管架间距≤3m；其起始点、末端、转角处及直线段超过 20m 处设置固定支架			
	垂直风管的每根风管至少应有 2 个管架进行固定			
	风管管架未设置在风口、阀门、检查门等处，离风口或插接口的距离≥200mm			
	保温风管的管架横担设在风管保温层的外部，横担安装未损坏风管保温层			
	风管穿越防火分区隔墙或楼板时，设置金属防护套管，其钢板厚度≥1.6mm			
	风管防火阀的安装方向正确，易熔件应迎气流方向，安装后进行动作试验			
	防火阀直径或边长≥630mm 时，设置独立的支吊架；防火分区隔墙两侧安装的防火阀，距墙表距离≤200mm			
	风管柔性短管的长度为 150~300mm；位于变形缝处的柔性短管长度宜为变形缝宽度 +100mm 及以上			
	风口与风管的连接严密、牢固，与装饰面结合服帖；表面平整、不变形，调节灵活、可靠			
	排烟口设置在顶棚上或靠近顶棚的墙面上；顶棚上的排烟口距可燃物≥1m；墙面上的排烟口，其顶标高距平顶为 100~150mm			
	正压送风口安装在墙面的下部，其底标高距地坪 300~400mm			
	风口安装标高偏差≤10mm；风口水平安装水平度偏差 3/1000；风口垂直安装垂直度偏差 2/1000			
	其他质量检查事项			
安装质量（设备部分）	设备安装前对设备基础位置、几何尺寸进行检查；需要预压的基础预压合格；形成检查（预压）记录			
	设备基础预埋的地脚螺栓的螺纹及螺母保护完好；地脚螺栓在预留孔中垂直，其四周离孔壁≥15mm			

续　表

工程名称		工程地点			
项目负责人		施工进度			
检查类别	检查项目		综合评价		
			正确	部分正确	错误
安装质量（设备部分）	用垫铁找正调平设备，垫铁平稳放置于地脚螺栓旁，与基础面接触紧密，每组垫铁数量不宜超过 3 块				
	水泵机组隔振根据水泵型号规格、转速、质量、安装位置、荷载值、频率比要求等因素选用隔振元件，宜选用橡胶隔振垫、阻尼弹簧隔振器和橡胶隔振器				
	卧式水泵宜采用橡胶隔振垫，安装在楼层时宜采用多层串联叠合的橡胶隔振垫、橡胶隔振器、阻尼弹簧隔振器；立式水泵宜采用橡胶隔振器				
	水泵机组隔振元件支承点数量为偶数，且不小于 4 个；一台水泵机组的各个支承点的隔振元件，其型号、规格、性能保持一致				
	橡胶隔振垫多层串联设置，每层隔振垫之间用厚度不小于 4mm 的镀锌钢板隔开，钢板平整，隔振垫与钢板用黏合剂粘接；镀锌钢板的平面尺寸比橡胶隔振垫每个端部大 10mm；镀锌钢板上、下层粘接的橡胶隔振垫交错设置				
	安装在水泵进出水管上的可曲挠橡胶接头必须在阀门和止回阀近水泵的一侧，且宜安装在水平管上；安装在不受力的自然状态下进行，严禁处于极限偏差状态				
	法兰连接的可曲挠橡胶管道配件的特制法兰与普通法兰连接时，螺栓的螺杆朝向普通法兰一侧				
	风机的进气、排气系统的管路、大型阀件、调节装置、冷却装置和润滑油系统管路，有单独的支承，并与基础或其他建筑物连接牢固				
	风机隔振器的安装位置正确，且各组或各个隔振器的压缩量均匀一致，其偏差符合设计要求				
	风机传动装置的外露部分、直通大气的进（出）口安装防护罩（网）；防爆风机的防护罩可靠接地				
	不锈钢水箱的安装，其底部与基础接触部位设置绝缘隔离垫				
	风机盘管机组安装前进行单机三速试运转及水压检漏试验；供、回水管与风机盘管机组为弹性连接（金属或非金属软管连接）				
	其他质量检查事项				

附件 2 安装工程安全、质量、环境检查记录表[①]

<table>
<tr><td>工程名称</td><td></td><td>时间</td><td></td></tr>
<tr><td>检查人员</td><td colspan="3"></td></tr>
<tr><td>施工进度</td><td colspan="3"></td></tr>
<tr><td colspan="4">经检查存在的隐患情况及总体评价：</td></tr>
<tr><td colspan="4">整改落实具体内容：

检查责任人： 整改责任人：</td></tr>
<tr><td colspan="4">整改结果：
复查签字：</td></tr>
</table>

① 由浙江快达建设安装工程集团有限公司编制。

附件 3 文明、安全生产要求和处罚标准[①]

1 主要内容和使用范围

本条例规定了文明、安全生产要求和处罚标准。
本条例适用于公司及所属项目部、施工现场。

2 文明施工

2.1 文明施工管理内容与要求

2.1.1 加强道德、文明意识教育，提高员工的法制观念，树立企业文化，注重企业形象，提高个人修养和素质，创造良好的工作环境和氛围。

2.1.2 施工现场应悬挂宣传安全生产、文明施工的标牌，内容包括安全生产责任制、安全生产管理体系、应急预案、安全生产基本要求（六大纪律）、安全措施、岗位责任制、企业管理方针、管理目标等。

2.1.3 施工现场应执行统一服装、挂牌上班制度，服装和挂牌上采用公司统一标识。

2.1.4 施工现场应及时清理，保持整洁。材料、半成品、成品及机具放置应有序，标识正确、清楚，有防护措施。

2.1.5 根据公司管理体系的程序文件要求，搞好施工现场环境保护，减少对周围居民的影响，搞好治安。完成体系环境控制目标。

2.1.6 坚持“以理服人”，施工过程中若发生矛盾，应通过协调和正规途径解决，切忌发生争斗。

2.2 文明施工处罚标准

2.2.1 对违反文明施工管理内容与要求的单位或个人，由公司工程部给予警告、通报批评，责令限期整改、罚款等，严重时报公司生产副总批准可进行停工整顿。

2.2.2 有下列行为之一的，单位处以 1000 元以上、2000 元以下的罚款，对相关责任人处以 50~1000 元罚款。

1）施工工地未按规定进行统一标识，未悬挂各种图牌、生产责任制、安全责任制、应急预案。

2）施工现场材料、设备、机具堆放无序，工地脏、乱、差。

3）职工生活区不符合环境卫生要求和安全要求，生活设施不能满足基本要求。

4）工程完工或当日不及时清理现场，工地随意堆垃圾又不及时处理，在工地随意大小便，且屡教不改。

5）发生斗殴、赌博、酗酒等行为，影响恶劣。

6）对异性有过分的骚扰行为引起投诉。

① 由浙江快达建设安装工程集团有限公司编制。

3 安全生产

3.1 安全生产管理内容与要求

3.1.1 安全生产应根据《建筑法》《安全法》《劳动法》的要求，坚持“安全第一、预防为主”的方针，最大限度地减少或控制安全事故的发生，保障员工生命和财产安全。

3.1.2 安全生产管理应严格执行公司《安全生产责任制度》的有关规定，建立安全生产责任制度，完成安全教育、安全交底，进行安全检查与考核，根据“四不放过”原则调查和处理安全事故。

3.2 安全生产处罚标准

3.2.1 在定期和不定期安全检查中，发现所属项目部在安全管理方面存在以下问题之一，对该单位处以 2000~5000 元的罚款。

1）所属项目部没有按要求设立项目部专（兼）职安全员，或设立了安全员而安全员长期不到位。

2）未按规定建立安全管理档案或档案与台账不全。

3）未按要求在项目部悬挂公司统一的安全管理制度标牌、安全生产基本要求（六大纪律）、安全措施、安全技术操作牌及现场安全警示牌。

4）在各类安全检查中发现重大安全隐患，被责令停工整改。

3.2.2 在定期和不定期安全检查中，发现项目部存在下列问题之一，对该项目部罚款 1000~2000 元。

1）在各类安全检查中，项目部综合安全分不及格。

2）在建项目项目部未与公司签订安全生产目标管理责任书。

3）在建项目项目经理未与项目班组、分包签订安全责任书。

4）项目雇用的劳务用工人员未与公司劳动人事管理部门签订用工合同，雇用的劳务人员“三证”（身份证、计生证、外出务工证）不全，按人数计罚。

5）项目部施工人员未按要求统一着装，统一佩戴安全帽。

6）在建项目项目部私下无安全资质分包。

3.2.3 在定期和不定期安全检查中，发现施工现场有下列严重违章作业或违反劳动纪律的情形，对该项目部罚款 500~1500 元。

1）施工现场有 2 人及以上不戴安全帽或不正确佩戴安全帽进行作业。

2）施工现场有 2 人及以上不正确系安全带且无防护措施或防护措施不严密，在 2 米及以上高处或陡坡上作业。

3）无安全防护措施时攀爬脚手架、井字架、乘井架、吊盘上下，以及在高处作业时向下或向上抛掷材料、工具、物品或其他杂物。

4）施工机具、电气设备无安全防护装置，无有效的安全保护接地、接零。设备带病运转。

5）同一项操作有多人违章或一人操作有多次违章，赤脚或穿高跟鞋、中跟鞋、硬底带钉易滑的鞋、拖鞋进入施工现场，躺在脚手架、高处平台上、屋面上休息。

6）在未竣工的建筑物内设置集体宿舍。

7）违反本公司《安全工作手册》中规定的相关工种的操作规程，进行无证操作或野蛮操作。

8）操作者未经培训无证上岗。

9）施工现场“四口”防护不严密，“五临边”无防护设施。

10）在禁烟、禁火区内吸烟，未办理有效的动火手续而擅自动火，动火区域未配备消防灭火器。

11）使用乙炔装置，未装防火止回器，氧气、乙炔安全距离不足5米，离动火点不足10米。

12）仓库内易燃易爆物品与材料、设备混放，未分库存放。

13）现场仓库、宿舍、办公室、工具房等的设备没有经过有关部门批准同意使用，私自使用电炉、热得快等大功率电器。

14）在建工程与邻近高压电线的距离小于规定要求且无防护措施。配电箱（开关箱）未按规范要求安装三相五线制或安装位置不当，固定不牢固，未按规定装设分级漏电保护装置，私拉乱接，违反一机一闸一保护规定。开关箱和机具设备外壳没有有效的保护接零或接地，用非熔断丝代替熔断丝作保险丝，电箱内有杂物。在容箱、罐体内施工，不使用安全电压照明。

3.2.4 在定期或不定期的安全检查中，发现安全管理存在下列问题之一，对该单位罚款500~1000元。

1）管生产不管安全，安全技术措施不落实或无安全技术措施，对新招收的工人（包括临时工）不进行三级安全教育，不建立安全教育台账，施工未按规定进行书面安全交底，发生重大未遂事故仍不采取防范措施。

2）分包单位未签订安全生产责任书，使用“三证”不齐全的劳务人员，违反有关规定使用未成年人，未签订用工合同（协议），按人数计罚。

3）被地方县级以上政府管理部门检查通报和罚款，除地方政府安全管理部门罚款外，公司将追加罚款。

4）发生工伤事故不报、以重报轻、延迟报告、隐瞒事故真相、干扰事故调查。（责任人处罚款500~1000元）

3.2.5 凡发生下列问题之一，除对项目经理（负责人）罚款500元外，对所属单位（项目部）罚款2000元。

1）收到安全隐患整改通知单后未及时整改导致事故发生。

2）同一工程连续发生重复性事故。

3）发生重伤事故。

4）同一工程连续发生2次及以上重伤事故或发生多起3人以上受伤事故，除对责任人罚款500元外，对所属单位罚款3000~5000元。

3.2.6 凡发生因工死亡事故，对责任人处以5000元罚款，情节严重的可给予行政处分，解聘职务等处理，触犯刑法的移交司法机关处理，对该单位罚款10000元，每增加1人，加倍处罚。

3.2.7 公司范围内员工（含正式工、临时工和分包单位安装工地工作人员）凡违反下列安全纪律之一的，罚款100元，管理人员加倍罚款。

1）进入施工现场，不正确佩戴安全帽，在2米及以上无防护设施（或防护不严密）的高处作业，以及在悬崖、陡坡施工不系安全带或系安全带而不挂保险钩。

2）赤脚、赤膊，或穿高（中）跟鞋、拖鞋、前通后空的凉鞋、短裤、裙子进入施工现场（生产区域）作业，穿硬底、带钉易滑的鞋进行高处作业。

3）在防护栏杆垂直升降平台、孔洞边缘坐靠，躺在脚手架或操作平台上休息，向上向下抛掷工具或其他物料。

4）机器运转时加油、修理、调整、焊接，或在禁止戴手套操作的机具设备上戴手套作业，需戴防护镜作业而不戴，机床操作女工不戴女工帽而发辫外露。

5）在起吊物下作业或停留，站在起吊物上作业。

6）违章使用电气设备。

7）酒后上班，除罚款外须停止工作，情节严重的做旷工处理。

8）进入施工工地不穿公司统一制作的工作服。

3.2.8 凡违反下列安全纪律之一，罚款200元，管理人员加倍罚款。

1）未经施工负责人和安全员同意，随意移动或拆除安全防护设施，损坏安全警示牌。

2）在禁烟、禁火区域吸烟或未办理有效动火许可手续而擅自动火未产生事故（发生事故按有关程序另案处理）。

3）攀爬脚手架或违反规定乘坐垂直运输设备。

4）未经专门培训、考核的人员擅自操作机电设备，无证人员进行特种作业。

5）带小孩或其他不相干人员进入施工工地。

6）在施工作业区域自行做饭或集体宿舍内发现液化气与人共居一室。

3.2.9 班组长未执行书面安全交底制度而发生轻伤事故，对班组长罚款100元，发生重伤事故罚款300元。

3.2.10 不执行书面安全交底内容，违章作业或不按规定正确使用劳动防护用品而造成自身轻伤者，罚款100元，造成他人轻伤者罚款200元。

3.2.11 因违章作业致自身重伤者，罚款300元，造成他人重伤者罚款500元。

3.2.12 安全检查中收到险情整改通知单后，没有按规定时间反馈给公司和分公司相关部门，对项目部相关责任人罚款200元。

3.2.13 伪造书面安全交底记录者或代他人签名者罚款500元。

3.2.14 以上各项罚款由公司工程部质量安全部及安全员开具《安全隐患（违章）罚款通知单》，被处罚单位（个人）以现金形式支付或在工资、工程款中被扣除，由财务部门专项管理、专款专用，严禁挪作他用。

4 其他

安全生产管理按公司企业标准《安全生产责任制度》执行。

施工人员操作规定按公司颁发的《安全工作手册》执行。

附件 4　三级安全教育登记卡[①]

<table>
<tr><td>工程名称</td><td colspan="5"></td></tr>
<tr><td>姓名</td><td></td><td>性别</td><td></td><td>年龄</td><td></td></tr>
<tr><td>工种</td><td></td><td>参加工作时间</td><td colspan="3"></td></tr>
<tr><td colspan="6">公司级安全教育</td></tr>
<tr><td colspan="4" rowspan="7">教育内容：劳动保护的意义和任务；企业安全规章及事故教育；安全生产方针、政策、法规、标准、规范、规程和安全知识</td><td>教育日期</td><td>教育时间</td></tr>
<tr><td></td><td></td></tr>
<tr><td></td><td></td></tr>
<tr><td></td><td></td></tr>
<tr><td></td><td></td></tr>
<tr><td></td><td></td></tr>
<tr><td>累计时间</td><td></td></tr>
<tr><td>教育者</td><td colspan="3"></td><td>受教育者</td><td></td></tr>
<tr><td colspan="6">项目部安全教育</td></tr>
<tr><td colspan="4" rowspan="7">教育内容：现场安全生产纪律和文明施工要求、安全管理规章制度；危险作业部位及必须遵守事项；建筑安全工人安全生产技术操作一般规定；施工工程基本情况、环境、施工特点，可能存在的不安全因素，危险作业部位及注意事项</td><td>教育日期</td><td>教育时间</td></tr>
<tr><td></td><td></td></tr>
<tr><td></td><td></td></tr>
<tr><td></td><td></td></tr>
<tr><td></td><td></td></tr>
<tr><td></td><td></td></tr>
<tr><td>累计时间</td><td></td></tr>
<tr><td>教育者</td><td colspan="3"></td><td>受教育者</td><td></td></tr>
<tr><td colspan="6">班组级安全教育</td></tr>
<tr><td colspan="4" rowspan="7">教育内容：本工种安全操作规程要点和易发生事故的地方、部位及防范措施；明确岗位安全职责，正确使用个人防护用品，有关防护装置设施的使用和维护；本工种案例分析</td><td>教育日期</td><td>教育时间</td></tr>
<tr><td></td><td></td></tr>
<tr><td></td><td></td></tr>
<tr><td></td><td></td></tr>
<tr><td></td><td></td></tr>
<tr><td></td><td></td></tr>
<tr><td>累计时间</td><td></td></tr>
<tr><td>教育者</td><td colspan="3"></td><td>受教育者</td><td></td></tr>
</table>

① 由浙江快达建设安装工程集团有限公司依据国家相关安全生产法规编制。

附件 5 公司级安全教育培训试题[①]

工程项目： 得 分：

姓 名： 身份证号：

一、单选题（每题 2 分，共 80 分）

1.（ ）的颁布实施，标志着安全生产成为我国现阶段建筑业工作的重点，安全生产制度被确立为促进我国建筑业发展的一项根本制度。

A.《建筑法》 B.《安全生产法》

C.《建设工程安全生产管理条例》 D.《建设工程质量管理条例》

2.《建筑法》是我国一部规范建筑活动的（ ）。

A. 法律 B. 法规 C. 规章 D. 规范性文件

3.（ ）是安全生产领域的综合性基本法，它是我国第一部全面规范安全生产的专门法律。

A.《建筑法》 B.《安全生产法》

C.《建设工程安全生产管理条例》 D.《建设工程质量管理条例》

4. 两个以上不同资质等级的单位实行联合共同承包工程建设项目的，应当以（ ）单位业务许可范围承揽工程建设项目。

A. 资质等级低的 B. 资质等级高的 C. 由双方协商决定其中一方

D. 资质等级低的或资质等级高的均可

5.《建筑法》于（ ）施行。

A.1998 年 B.1999 年 C.2000 年 D.2001 年

6. 对不符合《安全生产许可条例》规定的安全生产条件的企业，不予颁发安全生产许可证并应（ ）。

A. 电话通知企业 B. 通过上网公示通知企业

C. 书面通知企业并说明理由 D. 以上答案都不对

7. 我国安全生产的方针是（ ）。

A. 安全第一、预防为主 B. 质量第一、兼顾安全

C. 安全至上 D. 安全责任重于泰山

8.《建筑施工安全检查标准》（JGJ 59—2011）是（ ）。

A. 推荐性行业标准 B. 强制性行业标准

C. 推荐性国家标准 D. 强制性国家标准

9. 建设工程的发包单位与承包单位应当依法订立（ ）合同，明确双方的权利和义务。

A. 口头 B. 口头或书面 C. 书面 D. 其他形式的

10. 建设工程实行总承包，（ ）将建筑工程肢解发包。

A. 允许 B. 原则上禁止 C. 禁止 D. 原则上允许

---

① 由浙江快达建设安装工程集团有限公司依据国家相关安全生产法规编制。

11. 建设单位应当将拆除工程发包给（　　）施工。

A. 具有相应能力的单位，但可以没有资质等级

B. 具有相应资质等级的施工单位

C. 具有相应资质等级的设计单位

D. 具有相应资质等级的勘查单位

12.（　　）负责建筑安全生产的管理。

A. 劳动行政主管部门　　B. 建筑行业协会

C. 建设行政主管部门　　D. 国务院

13. 建筑施工企业的（　　）对本企业的安全生产负总责。

A. 技术人员　　B. 项目经理

C. 专职安全生产管理人员　　D. 法定代表人

14. 施工中发生事故时，（　　）应当采取紧急措施减少人员伤亡和事故损失，并按照国家有关规定及时向有关部门报告。

A. 建设单位　　B. 监理单位　　C. 相关责任人员　　D. 建筑施工企业

15.《建设法》规定的责令停业整顿、降低资质等级和吊销资质证书的行政处罚，由（　　）决定。

A. 劳动部门　　B. 颁发资质证书的机关

C. 中国建筑业协会　　D. 国务院

16. 总承包单位在分包工程中对建设单位（　　）。

A. 独立承担各自的责任　　B. 不承担责任

C. 承担适当的责任　　D. 承担连带责任

17. 建筑施工企业必须为从事危险作业的职工办理意外伤害保险，由（　　）支付保险费。

A. 建筑施工企业　　B. 职工

C. 建筑施工企业和职工　　D. 保险公司

18. 建筑设计单位和建筑施工企业对建设单位在违反法律、行政法规和建筑工程质量、安全标准的情形下，提出的降低工程质量的要求，（　　）。

A. 可以予以拒绝　　B. 应当予以拒绝

C. 不得予以拒绝　　D. 视情况决定拒绝与否

19. 建筑活动应当确保（　　）。

A. 工期和安全　　B. 工期和质量

C. 安全和质量　　D. 成本和安全

20. （　　）应当在施工现场采取维护安全、防范危险、预防火灾等措施；有条件的，应当对施工现场实行封闭管理。

A. 各级人民政府　　B. 监理单位　　C. 建筑施工企业　　D. 建设单位

21.（　　）应当遵守有关环境保护和安全生产法律、法规的规定，采取控制和处理施工现场的各种粉尘、废气、废水、固体废物、噪声、振动对环境的污染和危害的措施。

A. 各级人民政府　　B. 监理单位　　C. 建筑施工企业　　D. 建设单位

22. 施工单位在施工过程中发现设计文件和图纸有差错的，应当（　　）。

A. 按照常规做法来做　　B. 按照有关规定来做

C. 及时提出意见和建议　　D. 及时向有关部门报告

23. 施工单位应当建立、健全教育培训制度，加强对职工的教育培训；未经教育培训或者考试不合格的人员，（　　）。

A. 不得上岗作业　　B. 应当下岗

C. 可以上岗作业　　D. 调到其他岗位任职

24. 施工单位的主要负责人、项目负责人、专职安全生产管理人员应当经建设行政主管部门或者其他有关部门安全生产（　　）后方可任职。

A. 考试　　B. 考核　　C. 考试合格　　D. 考核合格

25. 根据《建设工程安全生产管理条例》，施工单位在采用新技术、新工艺、新设备、新材料时，应当对作业人员进行相应的（　　）。

A. 专业培训　　B. 操作规程培训

C. 安全生产教育培训　　D. 治安防范教育培训

26. 根据《建设工程安全生产管理条例》，建设单位不得明示或者暗示施工单位购买、租赁、使用不符合（　　）的安全防护用具、机械设备、施工机具及配件、消防设施和器材。

A. 造价控制要求　　B. 安全施工要求　　C. 市场要求　　D. 进度要求

27. 根据《建设工程安全生产管理条例》，（　　）应当制定本单位生产安全事故应急救援预案。

A. 设计单位　　B. 业主　　C. 施工单位　　D. 开发商

28. 根据《建设工程安全生产管理条例》，在施工现场安装、拆卸施工起重机械和整体提升脚手架、模板等自升式架设设施，必须由（　　）承担。

A. 建设单位　　B. 施工企业

C. 合同中约定的单位　　D. 具有相应资质的单位

29. 根据《建设工程安全生产管理条例》，为建设工程提供设备和配件的单位，应当按照安全施工的要求配备齐全有效的（　　）等安全设施和装置。

A. 保障、限位　　B. 担保、限位

C. 保险、限量　　D. 保险、限位

30、根据《建设工程安全生产管理条例》，检验检测机构对检测合格的施工起重机和整体提升脚手架、模板等自升式架高设施，应当出具（　　）证明文件，并对检测结果负责。

A. 产品合格　　B. 安全合格

C. 生产合格　　D. 制造合格

31. 根据《建设工程安全生产管理条例》，建设工程实行施工总承包的，由（　　）对施工现场的安全生产负总责。

A. 分包单位　　B. 建设单位

C. 总承包单位　　D. 监理单位

32. 根据《建设工程安全生产管理条例》，总承包单位依法将建设工程分包给其他单位的，分包合同中应当明确各自的安全生产方面的权利、义务。总承包单位和分包单位对分包工程的安全生产（ ）。

A. 不承担责任 B. 承担连带责任

C. 不承担连带责任 D. 承担责任

33. 施工单位应当向作业人员提供安全防护用具和安全防护服装，并（ ）危险岗位的操作规程和违章操作的危害。

A. 告知 B. 书面告知

C. 口头告知 D. 口头或书面告知

34. 分包单位应当服从总承包单位的安全生产安全管理，分包单位不服从管理导致生产安全事故的，分包单位（ ）责任。

A. 承担全部 B. 承担连带

C. 只承担部分直接经济损失 D. 承担主要

35. 在施工中发生危及人身安全的紧急情况时，作业人员有权（ ）或者在采取必要的应急措施后撤离危险区域。

A. 立即下达停工令 B. 立即自救

C. 立即上报 D. 立即停止工作

36. 施工单位应当为施工现场从事危险作业的人员办理（ ）。

A. 人寿保险 B. 火灾险

C. 财产保险 D. 意外伤害保险

37. 意外伤害保险费由施工单位支付。实行施工总承包的，由总承包单位支付意外伤害保险费。意外伤害保险期限自（ ）止。

A. 建设开工之日起至有意外伤害发生 B. 有意外伤害发生起至竣工验收合格

C. 形式令下达起至竣工 D. 建设工程开工之日起至竣工验收合格之日

38. 发生安全事故后，施工单位应当采取措施（ ）。需要移动现场物品时，应当做出标记和书面记录。妥善保管有关证物。

A. 立即上报 B. 防止事故扩大，保护事故现场

C. 防止事故扩大 D. 保护事故现场，妥善保护证物

39. 建设行政主管部门或者其他有关部门对建设工程是否安全施工进行审查时，（ ）。

A. 可以收取费用 B. 不得收取费用

C. 适当收取合理费用 D. 收取必要费用

40. 国家实行生产安全事故责任追究制度，依照《安全生产法》和有关法律、法规的规定，追究（ ）。

A. 生产安全事故责任人员 B. 相关企业领导

C. 技术员工 D. 项目经理

二、多选题（每题 2 分，共 20 分）

1. 安全管理的基本原则包括以下哪几个基本要素（ ）。

A. 政策 B. 组织 C. 评审 D. 调查 E. 业绩测量

2. 中华人民共和国建筑法的立法目的是（　　）。

A. 加强对建筑活动的监督管理　　B. 维护建筑市场的秩序

C. 保证建筑工程的质量和安全　　D. 促进建筑业健康发展

E. 维护建筑业企业的权益

3. 根据《建筑法》，建筑施工企业应当在施工现场采取（　　）。

A. 维护安全的措施　　B. 防范危险的措施　　C. 预防火灾的措施

D. 有条件的，应当对施工现场实行封闭管理　　E. 以上答案全部正确

4. 建筑施工企业和作业人员在施工过程中，应当（　　）。

A. 遵守有关安全生产的法律　　B. 遵守有关安全生产的法规

C. 遵守建筑行业安全规章　　D. 遵守建筑行业安全规程

E. 不得违章指挥或者违章作业

5. 施工单位应当根据（　　）变化，在施工现场采取相应的安全施工措施。

A. 施工资金　　B. 周围环境　　C. 季节　　D. 气候　　E. 作业人员调整

6. 施工单位应当遵守有关环境保护法律、法规的规定，在施工现场采取措施，防止或者减少（　　）、振动和施工照明对人和环境的危害和污染。

A. 粉尘　　B. 废气　　C. 废水　　D. 固体废物　　E. 噪声

7.（　　）的建设工程，设计单位应当在设计中提出保障施工作业人员安全和预防生产安全事故的措施建议。

A. 采用新结构　　B. 采用新材料　　C. 特殊结构

D. 特殊位置　　E. 采用新工艺

8. 出租的机械设备和施工机具与配件，应当具有（　　）。

A. 生产（制造）许可证　　B. 产品合格证　　C. 生产日期

D. 生产厂家　　E. 出租许可证

9.（　　）达到一定规模的危险性较大的分部分项工程需编制专项施工方案，并附具安全验算结果，经施工单位技术负责人、总监理工程师签字后实施，由专职安全生产管理人员进行现场监理。

A. 基坑支护与降水工程　　B. 土方开挖工程

C. 模板工程　　D. 混凝土工程　　E. 脚手架工程

10. 事故发生后，事故发生单位和事故发生地的建设行政主管部门，应当（　　）。

A. 严格保护事故现场　　B. 采取有效措施抢救人员

C. 采取有效措施抢救财产　　D. 防止事故扩大　　E. 置之不理

附件 6　公司级安全教育培训试题答案

一、单选题

1.C；　2.A；　3.B；　4.A；　5B；

6.C；　7.A；　8.B；　9.C；　10.C；

11.B； 12.C； 13.D； 14.D； 15.B；
16.D； 17.A； 18.B； 19.C； 20.C；
21.C； 22.C； 23.A； 24.D； 25.B；
26.B； 27.C； 28.D； 29.D； 30.B；
31.C； 32.B； 33.B； 34.A； 35.D；
36.D； 37.D； 38.B； 39.B； 40.A

二、多选题

1.BDE； 2.ABCDE； 3.ABC；
4.ABCDE； 5.BCDE； 6.ABCDE；
7.ABCDE； 8.ABCDE； 9.ABCDE；
10.ABCD

附件 7 项目部安全教育试题①

工程项目： 得 分：
姓 名： 身份证号：

一、填空题（每格 5 分，共 60 分）

1. 在施工中遇到生产与安全发生矛盾时首先必须保证________________。

2. 进入施工现场，必须戴好________________，扣好帽带，并正确使用个人劳动保护用品。严禁赤脚或穿高跟鞋、________________，高空作业不准穿硬底和带钉易滑的鞋。

3. 伤亡事故是由人的______________和物的______________两大因素所导致的。

4. 一旦发现有人触电，首要的任务是使触电者迅速脱离________________。

5. 非电气人员不准________电气设备和敷设电线，非开机人员严禁________机械。

6. 请写出安全生产六大纪律的具体内容

A. 进入施工现场必须戴好安全帽、扣好帽带，并正确使用个人________________。

B. 2 米及以上的高空作业，无安全设施的必须系好安全带、扣好________________。

C. 高空作业，不准往下或往上________________物件。

D. 各种电动机械设备，必须有可靠有效的安全措施和防护装置，________使用。

E. 不懂电气和机械的人员严禁________________和________________机电设备。

F. 吊装区域非操作人员严禁________________，吊装机械必须完好，栏杆垂直下方不准站人。

① 由浙江快达建设安装工程集团有限公司依据国家相关安全生产法规编制。

二、是非题，对的打√，错的打 ×（每题 4 分，共 20 分）

1. 为了保证安全，企业职员在生产劳动过程中必须严格执行安全操作过程，遵守劳动纪律。（ ）

2. 安全科学技术知识教育包括安全技术知识和安全技能教育两部分。（ ）

3. 安全态度教育的目的是让人在思想上认识安全的重要性，使每个人都能自觉地按照规范操作。（ ）

4. 典型事例教育主要是指事故安全教育。（ ）

5. 在取得浙江省外来务工人员基础安全教育合格证后，外来务工人员不需要参加其他的安全教育，即可从事生产劳动。（ ）

三、选择题（每题 4 分，共 20 分）

1. 安全技术知识和安全技能教育属于（ ）。

A. 安全科学技术知识教育　　B. 理论知识教育

C. 实际操作教育　　D. 专业安全知识教育

2. 只有全社会所有人员（ ）的提高，才能促进各行业形成良好的安全生产环境。

A. 安全素质和安全氛围　B. 安全知识和安全意识　C. 安全素质和安全意识

3. 事故案例教育的目的是（ ）。

A. 吸取教训防止事故的发生　B. 更好地体现“四不放过“原则

4. 安全生产宣传的目的，就是达到影响人的（ ）目的。

A. 安全生产责任感　B. 安全生产意识行为　C. 安全生产行为

5. 特种作业是指容易发生人员伤亡事故，对（ ）的安全有重大危害的作业。

A. 操作者　　B. 周围设施

C. 操作者本人、他人　　D. 操作者本人、他人和周围设施

附件 8　项目部安全教育试题答案

一、填空题

1. 安全

2. 安全帽 拖鞋

3. 不安全行为 不安全状态

4. 电源

5. 使用 操作

6.A. 劳动保护用品 B. 保险钩 C. 乱抛材料和工具等 D. 才能 E. 使用 玩弄 F. 入内

二、是非题

1. √；2. √；3. √；4. ×；5. ×

三、选择题

1.A；2.C；3.A；4.B；5.D

附件 9　班组级安全教育试题[①]

工程项目：　　　　　　　　　　得　　分：

姓　　名：　　　　　　　　　　身份证号：

一、填空题（每格 5 分，共 60 分）

1. 要牢固树立“安全生产、________________”的思想，要有较强的自我保护意识，不能只顾干活、不顾________________。

2. 积极参加安全活动，遵守规章制度和________________，对________的作业主动提出改进意见。

3. 必须熟悉施工要求、作业环境，认真执行__________及__________。

4. 熟悉所使用工具的性能和________________，在作业前和作业中，注意检查，发现问题及时报告，经修复后再使用。

5. 高处作业不准________或________乱丢材料和工具等物件；悬空作业须系好安全带。

6. 作业时不准冒险蛮干或嘻哄打闹，从事施工生产不得在用餐时______，严禁________________________________。

二、是非题，对的打√，错的打 ×（每题 4 分，共 20 分）

1. 不准攀登脚手架或井架上下；严禁提升吊笼内乘人；不得在垂直运输吊具下方站人或行走。（　　）

2. 不准倚靠防护栏杆或在楼板、阳台、屋面临边行走，严禁站在护栏、建筑物周边或未固定的构件上。（　　）

3. 在易燃易爆地点及场所要使用明火，须经项目经理同意，方可使用。（　　）

4. 安全技能教育，就是结合本工种或本专业的特点，实现安全操作、安全防护所必须具备的基本技术知识的教育。（　　）

5. 安全态度教育的目的就是使作业者自觉规范操作，确保安全生产。（　　）

三、问答题（20 分）

你在班组施工作业中如何做好安全生产标准化工作？

---

① 由浙江快达建设安装工程集团有限公司依据国家相关安全生产法规编制。

附件 10　班组级安全教育试题答案

一、填空题

1. 人人有责　安全
2. 操作规程　不安全
3. 技术规范　不蛮干
4. 操作方法
5. 往下　往上
6. 饮酒　酒后上岗作业

二、是非题

1. √；　2. √；　3. ×；　4. √；　5. √

三、问答题

安全第一、自我保护、不伤害别人、不被伤害；参加安全活动，提出安全措施建议；熟悉操作规程，掌握安全技术。

附件 11 施工人员录用登记表[1]

进场日期： 负责人签名：

<table>
<tr><td>姓名</td><td colspan="2"></td><td colspan="2">最高学历</td><td></td></tr>
<tr><td>年龄</td><td colspan="2"></td><td colspan="2">身份证号</td><td></td></tr>
<tr><td>性别</td><td colspan="2"></td><td colspan="2">政治面貌</td><td></td></tr>
<tr><td>籍贯</td><td colspan="2"></td><td colspan="2">参加工作时间</td><td></td></tr>
<tr><td>家庭住址</td><td colspan="5"></td></tr>
<tr><td>联系电话</td><td colspan="5"></td></tr>
<tr><td colspan="6">技能和专长</td></tr>
<tr><td colspan="6"></td></tr>
<tr><td colspan="6">工作经历</td></tr>
<tr><td>何时至何时</td><td colspan="2">工作单位</td><td colspan="2">职位描述</td><td>单位联系电话</td></tr>
<tr><td></td><td colspan="2"></td><td colspan="2"></td><td></td></tr>
<tr><td></td><td colspan="2"></td><td colspan="2"></td><td></td></tr>
<tr><td></td><td colspan="2"></td><td colspan="2"></td><td></td></tr>
<tr><td></td><td colspan="2"></td><td colspan="2"></td><td></td></tr>
<tr><td></td><td colspan="2"></td><td colspan="2"></td><td></td></tr>
<tr><td colspan="6">家庭情况</td></tr>
<tr><td>姓名</td><td>关系</td><td>职位</td><td>工作单位</td><td>联系电话</td><td>备注</td></tr>
<tr><td></td><td></td><td></td><td></td><td></td><td></td></tr>
<tr><td></td><td></td><td></td><td></td><td></td><td></td></tr>
<tr><td></td><td></td><td></td><td></td><td></td><td></td></tr>
<tr><td colspan="6">其他</td></tr>
<tr><td>其他联系人</td><td colspan="5"></td></tr>
<tr><td>联系电话</td><td colspan="5"></td></tr>
<tr><td>所获荣誉</td><td colspan="5"></td></tr>
</table>

注：请将身份证复印件及相关证件的复印件附后。

① 由浙江快达建设安装工程集团有限公司编制。

附件 12　劳动合同[①]

甲方（用人单位）名称：

住所：　　　　　　　　　　　　　　法定代表人（或主要负责人）：

乙方（劳动者）姓名：　　　　性别：　　　　居民身份证号码：

文化程度：　　　　住址：

根据《中华人民共和国劳动法》《中华人民共和国劳动合同法》等法律、法规、规章的规定，在平等自愿、协商一致的基础上，甲乙双方同意签订本劳动合同，共同遵守本合同所列条款。

第一条 劳动合同类型及期限

1. 劳动合同类型及期限按下列第______项确定。

（1）固定期限：自______年______月______日起至______年______月______日止。

（2）无固定期限：自______年______月______日起至法定解除或终止合同的条件出现时止。

（3）以完成一定工作为期限：自______年______月______日起至______终止。

2. 本合同约定试用期，试用期自______年______月______日起至______年______月______日止。

第二条 工作内容、工作地点及要求

乙方从事____________________工作，工作地点在____________________。

乙方工作应达到以下标准____。根据甲方工作需要，经甲乙双方协商同意，可以变更工作岗位、工作地点。

第三条 工作时间和休息休假

1. 工作时间按下列第______项确定。

（1）实行标准工时制。乙方每日工作 8 小时，每周工作 40 小时，休息 2 天。

（2）实行经劳动保障行政部门批准实行的不定时工作制。

（3）实行经劳动保障部门批准实行的综合计算工时工作制。结算周期：按____结算。

2. 甲方由于生产经营需要经与工会和乙方协商后可以延长乙方工作时间，一般每日不得超过 1 小时；因特殊原因需要延长工作时间的，每日不得超过 3 小时，每月不得超过 36 个小时。甲方依法保障乙方的休息休假权利。

第四条 劳动报酬及支付方式与时间

1. 乙方试用期间的月劳动报酬为________元。

2. 试用期满后，乙方在法定工作时间内提供正常劳动的月劳动报酬为________元，或根据甲方确定的薪酬制度确定为____________________。

乙方工资的增减，奖金、津贴、补贴、加班加点工资的发放，以及特殊情况下的工资支付等，均按相关法律法规及甲方依法制定的规章制度执行。甲方支付给乙方的工资不得低于当地最低工资标准。

3. 甲方的工资发放日为每月________日。甲方应当以货币形式按月支付工资，不得拖欠。

4. 乙方在享受法定休假日以及依法参加社会活动期间，甲方应当支付工资。

---

① 由浙江快达建设安装工程集团有限公司依据国家相关劳动合同法编制。

第五条 社会保险

甲、乙双方必须依法参加社会保险，按月缴纳社会保险费。依法缴纳部分，由甲方在乙方工资中代为扣缴。

第六条 劳动保护、劳动条件和职业危害防护

甲乙双方都必须严格执行国家有关安全生产、劳动保护、职业卫生等的规定。有职业危害的工种应在合同中告知，甲方应为乙方的生产工作提供符合规定的劳动保护设施、劳动防护用品及其他劳动保护条件。乙方应严格遵守各项安全操作规程。甲方必须自觉执行国家有关女职工劳动保护和未成年工特殊保护规定。

第七条 劳动合同变更、解除、终止

1. 经甲乙双方协商一致，可以变更劳动合同相关内容。变更劳动合同，应当采用书面形式。变更后的劳动合同文本由甲乙双方各执一份。

2. 经甲乙双方协商一致，可以解除劳动合同。

3. 乙方提前 30 日以书面形式通知甲方，可以解除劳动合同。乙方在试用期内提前 3 日通知甲方，可以解除劳动合同。

4. 甲方有下列情形之一的，乙方可以解除劳动合同。

（1）未按劳动合同约定提供劳动保护或者劳动条件；

（2）未及时足额支付劳动报酬；

（3）未依法缴纳社会保险；

（4）规章制度违反法律、法规规定，损害乙方权益；

（5）以诈欺、胁迫的手段或乘人之危，使乙方在违背真实意思的情况下订立或者变更劳动合同致使劳动合同无效；

（6）法律、法规规定乙方可以解除劳动合同的其他情形。

甲方以暴力、威胁或者非法限制人身自由的手段强迫乙方劳动的，或者甲方违章指挥、强令冒险作业危及乙方人身安全的，乙方可以立即解除劳动合同，不需事先告知甲方。

5. 乙方具有下列情形之一的，甲方可以解除本合同。

（1）在试用期间被证明不符合录用条件；

（2）严重违反甲方的规章制度；

（3）严重失职、营私舞弊，给甲方造成重大损害；

（4）同时与其他用人单位建立劳动关系，对完成甲方的工作任务造成严重影响，或者经甲方提出，拒不改正；

（5）以诈欺、胁迫的手段或乘人之危，使甲方在违背真实意思的情况下订立或者变更劳动合同致使劳动合同无效；

（6）被依法追究刑事责任。

6. 有下列情形之一，甲方提前 30 日以书面形式通知乙方或者额外支付乙方 1 个月工资后，可以解除本合同。

（1）乙方患病或者非因工负伤，在规定的医疗期满后不能从事原工作，也不能从事由甲方另行安排的工作；

（2）乙方不能胜任工作，经过培训或者调整工作岗位，仍不能胜任工作；

（3）劳动合同订立时所依据的客观情况发生重大变化，致使原劳动合同无法履行，经甲乙双方协商，不能就变更劳动合同内容达成协议。

7. 甲方依照企业破产法规进行重整；或生产经营发生严重困难；或企业转产、重大技术革新、经营方式调整，经劳动合同变更后，仍需裁减人员；或其他因劳动合同订立时所依据的客观经济情况发生重大变化，致使劳动合同无法履行，甲方应当提前30日向工会或者全体职工说明情况，听取工会或者职工意见，裁减人员方案以书面形式向劳动部门报告后，可以解除劳动合同。

8. 有下列情形之一的，劳动合同终止。

（1）劳动合同期满；

（2）乙方开始依法享受基本养老保险待遇；

（3）乙方死亡，或者被人民法院宣告死亡或者宣告失踪；

（4）甲方被依法宣告破产，被吊销营业执照、责令关闭、撤销或者甲方决定提前解散；

（5）法律、行政法规规定的其他情形。

9. 劳动合同期满，乙方具有下列情形之一的，劳动合同应当延续至相应情形消失时终止。

（1）从事解除职业病危害作业的劳动者未进行离岗前职业健康检查，或者疑似职业病病人在诊断或者医学观察期间；

（2）在本单位患职业病或者因工负伤被确认丧失或者部分丧失劳动能力；

（3）患病或者非因工负伤，在规定的医疗期内；

（4）女职工在孕期、产期、哺乳期；

（5）在本单位连续工作满15年，且距法定退休年龄不足5年；

（6）法律、法规规定的其他情形。

10. 乙方具有本条款第七条第九款情形之一的，甲方不得依据本条款第一条第一款的约定解除劳动合同。

第八条 违反劳动合同的责任

甲方违法解除或终止本合同，应向乙方支付赔偿金；乙方违法解除本合同，给甲方造成经济损失的，应依法承担赔偿责任。

第九条 双方需要约定的其他事项

____

____

____

____

____

第十条 其他

1. 本合同在履行中产生争议，任何一方均可向企业劳动争议调解委员会申请调解，也可向劳动争议仲裁委员会申请仲裁。对仲裁裁决不服的，可以向人民法院起诉。

2. 本合同未尽事项，按国家有关法律法规执行。

3. 本合同条款如与今后国家颁布的法律法规相抵触，按新的国家法律法规执行。
4. 本合同依法订立，双方签字盖章后生效，双方必须严格履行。
5. 本合同一式两份，甲乙双方各执一份。

甲方（盖章）：　　　　　　　　　　乙方（签字）：

法定代表人（主要负责人）签名：

日期：　　　　　　　　　　　　　　日期：

附件 13 安全生产、文明施工协议书[1]

甲方（项目负责人）：

乙方（项目部职工）： 身份证号：

为明确甲乙双方的权利和义务，保障工程实施及相关作业人员的安全，依据国家相关法律法规的规定，结合工程项目建设的实际情况，经甲乙双方协商一致，达成如下协议。

第一条 甲方的权利和义务

1. 甲方有权对乙方进行安全生产教育。

2. 甲方有权随时进行监督、检查，并有权责令乙方清除安全隐患。

3. 甲方有权统一管理乙方驻地建设，并要求乙方维护好现场环境。

4. 甲方有对乙方在安全生产、文明施工中取得突出成绩给予奖励的权利。

5. 甲方有对乙方在施工过程中，违反国家安全生产、消防、交通、治安管理政策、法规，违反甲方安全管理规章，不服从甲方管理等行为进行处罚直至单方解除合同的权利。

6. 工程开工前，甲方应履行向乙方进行安全和技术交底的义务。

7. 工程开工前，甲方应向乙方提供有关部门批准的施工场地及合格的施工设施和机具。

8. 甲方安全责任人员应检查乙方自带或甲方为其提供的机械设备、小型电动工具、临时用电设施以及个人防护用品（如安全帽、安全带）等，并进行验收。

9. 甲方必须为其招收的外地务工人员办理所需的一切必要手续和证件。

第二条 乙方的权利和义务

1. 在乙方施工过程中，甲方工作人员有违章指挥，强令冒险作业的行为，乙方有权制止违章行为，并有提出批评、拒绝执行以及检举、控告的权利；乙方明知甲方人员违章指挥而不制止并造成损失，由乙方承担责任。

2. 因甲方过错，造成乙方人员或财产的损害，乙方有权向甲方提出索赔。乙方必须履行对其招收的务工人员在入场前进行安全生产教育的义务。

3. 在施工过程中，乙方必须自觉遵守法纪，遵守甲方安全管理规章制度、措施、规定，严格遵守安全操作规程。因违反本条款所造成的损失和后果，由乙方承担。情节严重的甲方有权终止合同。

4. 在为甲方工作期间，乙方应确保自带或甲方提供的设备、设施符合规范要求，经甲方安全管理人员验收合格后方可进场。凡未经验收批准，擅自投入使用设备、设施，由此造成的损失，由乙方承担。

5. 乙方如作为特殊工种作业人员，必须依法持证上岗。

6. 乙方在施工期内，要爱护甲方的各种设施、设备。严禁偷盗、挪用、破坏施工现场的安全防护设施、警示标志、材料、机械设备以及消防器材等。凡乙方人员违反本条款，一经发现加倍处罚，严肃处理，情节严重的送公安机关处理。

7. 在施工期间，乙方的生活区要符合甲方文明工地的要求，搞好并保持宿舍、食堂等处的

[1] 由浙江快达建设安装工程集团有限公司依据国家相关劳动合同法编制。

环境卫生。

8. 乙方人员必须遵守劳动纪律，在工作中按规定正确佩戴和使用个人防护用品，严禁袒胸露背、穿拖鞋上岗，严禁在宿舍内私拉电线；冬季，严禁在宿舍内使用电炉子等电器设备；夏季，严禁到河塘中游泳、洗澡。凡乙方人员违反本条款规定，所造成的损失由乙方承担。

9. 夜间施工服从甲方统一管理，做到不扰民。

10. 在施工过程中，发现文物古迹时，要立即保护现场，并及时报告。严禁破坏、私自收藏、倒卖或隐瞒不报。

11. 在施工过程中，如发生交通、施工、机电、消防等安全事故，要立即抢救伤者，采取措施减少财产损失，保护现场，积极主动配合甲方处理事故。

12. 严格遵守国家法律法规的要求。

第三条 因乙方的过错，造成甲方或他人的财产、人身损害，或甲方被处罚，乙方应负赔偿责任。

第四条 甲乙双方约定的其他事项。

____

____

____

第五条 奖励与处罚按照工程项目所在项目部及上级有关规定执行。

第六条 本协议自施工人员签订之日起生效，至施工人员离开工地之日失效。

第七条 本协议一式三份，甲乙双方各执一份，甲方上级主管部门备案一份。

甲　方：（盖章）	乙　方：（盖章）
负责人：（签字）	负责人：（签字）
日期：　　年　月　日	日期：　　年　月　日

附件 14　项目工地施工人员清单[①]

序号	姓名	性别	年龄	工种	上岗证编号（身份证号）	上岗日期	三级教育情况		
							公司级	项目部	班组级

① 由浙江快达建设安装工程集团有限公司编制。

附件 15 项目开工安全交底记录[①]

工程名称　　　　　　　　　　　　　　　　　　　工程编号

交底内容　　项目开工安全交底　　　　　　　　　交底日期　　　　年　　月　　日

进入施工现场施工必须严格遵守本公司制定的《安全工作手册》，新工人上岗根据公司的《安全教育手册》对每个工人进行安全教育。具体交底内容如下。

1 高空作业

1.1 高空作业前必须戴好安全帽。

1.2. 高空作业必须系好安全带。

1.3 高空作业时严禁穿易滑的鞋、高跟鞋，不准穿硬底鞋和拖鞋。

1.4 酒后不得高空作业。

1.5 高空作业前必须仔细检查梯子或架子是否牢固。

1.6 高空作业时下面必须有监护人，梯子四脚放平须稳固，梯子下部 1/3 的部位必须有拉绳。

1.7 高空作业超过 2m 以上的必须搭设操作台方可工作。

1.8 高空作业人员重心必须在梯子或架子中部，不得倾斜，严禁一只脚踩在梯子或架子上，一只脚悬空或踏在其他建筑物上。

1.9 架子或梯子移动时，上面不能留置工具或其他的小材料和零配件，严禁作业人员站在架子或梯子上时，架子或梯子下面移动。

1.10 进行高空作业，必要时还需做好其他的防护措施，任何人未经许可不得随意登高作业。

1.11 项目安全员应加强巡视，发现高空作业人员无防护措施和有违章操作的现象，应及时制止，待整改到位方可继续高空作业。

2 脚手架作业

2.1 脚手架上严禁穿易滑的鞋、高跟鞋和拖鞋，不准打赤脚。

2.2 雨天和雪天未经允许不得随意上架子。

2.3 严禁在架子上往下抛弃架子。

2.4 架子上无防护网不得作业。

2.5 上脚手架前必须先看清架子上的主板是否紧固，看清钢管的螺丝有无松动的迹象。

2.6 架子上作业必须看清上下有无其他人同时作业，如果有必须引起注意，提醒他们。

2.7 酒后不准上架子。

2.8 架子上作业必须戴好安全帽。

2.9 上架前还须做好其他的防护措施，严禁野蛮施工。

3 安全用电

3.1 施工现场用电应规范，严禁乱拉、乱接导线等现象发生。

3.2. 不懂电气方面知识的作业人员严禁单独接电。

3.3 临时用电线的线径必须符合要求，满足现场用电设备的实际功率。

---

① 由浙江快达建设安装工程集团有限公司依据《施工现场管理标准》编制。

3.4 接电前仔细检查电线（电缆）有无破损，用电设备接地是否可靠，防止漏电、触电。

3.5 临时用电设备电源进电箱必须用插头插入，严禁把线头挂在断路器上和保险上。

3.6 临时用电每一回路必须遵循“一漏、一保、一插”的原则，严禁用钢丝代替保险丝，零线必须通过漏电保护器，用电设备的零线不得用接地线代替。

3.7 要定期检查用电设备的配件（开关、电源线、漏保、保险、空气开关等），发现隐患及时更换，保证用电设备的正常运行。

3.8 施工临时用电的电线（电缆）应架空敷设，特殊情况需要埋地的必须穿钢管保护，并且做好标记。

3.9 施工人员在现场用电要严格遵守操作规程，不得违章操作。项目安全员应加强巡视，发现作业人员违章用电应给予制止。

技术负责人：　　　　　交底人：　　　　　接交人：

附件 16　消防工程项目开工技术交底记录[①]

工程名称　　　　　　　　　　　　　　　　　　　工程编号
交底内容　　消防工程项目开工技术交底　　　　　交底日期　　　年　　月　　日

1 消防工程安装施工验收依据

1.1 消火栓系统根据《建筑给水排水及采暖工程施工质量验收规范》（GB 50242—2002）及本公司企业标准《室内外消防工程安装技术标准》组织安装施工。

1.2 自动喷水灭火系统根据《自动喷水灭火系统施工及验收规范》（GB 50261—2017）及本公司企业标准《湿式自动喷水灭火系统安装技术标准》组织安装施工。

1.3 火灾报警系统根据《火灾自动报警系统施工及验收规范》（GB 50166—2007）及本公司企业标准《火灾自动报警系统及联动控制系统安装技术标准》组织安装施工。

1.4 防排烟系统根据《通风与空调工程施工质量验收规范》（GB 50243—2016）及本公司的相关企业标准《防排烟系统安装技术标准》组织安装施工。

1.5 所有消防工程安装施工验收均执行《建筑工程施工质量验收统一标准》（GB 50300—2013）。

2 特殊工序的具体要求

2.1 消防工程安装施工前应对施工图进行全面细致的审图，结合机电安装施工图、弱电安装施工图、建筑施工图进行消防安装施工图的审图，同时要求甲方组织召集施工图会审。

2.2 消火栓的中心距地为 1.10m。

2.3 丝口连接牢固，安装后的螺纹根部为 2~3 扣的外螺纹。露出的多余麻丝或生料带应清理干净，露出丝扣采用环氧富锌漆做好防腐。

2.4 法兰必须连接牢固，螺栓凸出长度应不大于直径的 1/2。

2.5 卡箍连接，管道压槽应平直，槽深一致，连接紧密牢固。

2.6 室外埋地管道应做好三油两布的防腐处理。

2.7 高层管道立管安装应按规范要求设置承重支架。

3 应急照明系统的配管、布线、安装

3.1 应急照明的暗配管的弯曲半径不小于 10 倍管外径。

3.2 管子的排列应整齐。

3.3 箱、盒、柜的光管管径在 50mm 以下时，必须锁紧螺母固定，露出锁紧螺母的丝扣宜为 2~3 扣；当管径在 63mm 以上时，可以用点焊固定，管口露出箱、盒宜为 3~5mm，焊后应补刷防腐漆和面漆。

3.4 管卡间的间距应符合要求，设备的安装高度、引入线及端子板的接线应符合规范，对联动设备应逐个单机通电检查，并做好记录，运行正常后方可进行调试。

因消防工程涉及电气管线的预埋、管道系统的套管预留、防排烟系统的预留及套管的预留，故预埋、预留必须做到准确和到位，预埋、预留施工完成后，应按图全面检查，避免错误。

① 依据相关安装专业施工规范编制（详见本交底记录）。

附企业标准名称：

《室内外消防工程安装技术标准》

《湿式自动喷水灭火系统安装技术标准》

《火灾自动报警系统及联动控制系统安装技术标准》

《防排烟系统安装技术标准》

技术负责人：　　　　　　交底人：　　　　　　接交人：

附件 17 施工安全、施工技术交底记录[①]

工程名称　　　　　　　　　　　　　　　　　　　　　工程编号

交底内容　　施工安全、施工技术交底　　　　交底日期　　　　年　　月　　日

1 施工安全交底主要内容

1.1 现场安全生产纪律和文明生产要求。

1.2 讲述危险作业部位及必须遵守事项。

1.3 本单位安全生产制度规定及安全注意事项。

1.4 本工程安全技术操作规程。

1.5 机械设备安全、电气安全及高处作业安全等安全基础知识。

1.6 防护用品发放标准及用具用品使用基本知识。

1.7 本工种安全操作规程要点和易发生事故的地方、部位及其防范措施。

1.8 明确岗位职责，正确使用个人防护用品，以及有关防范装置设施的使用和维护。

1.9 本班组作业特点及安全操作规程。

1.10 班组安全活动制度及纪律。

1.11 本岗位的作业环境、使用的机械设备，以及工具安全要求。

2 施工技术交底主要内容

2.1 施工主要依据（规范、标准、图集、设计图、工程联系单等）。

2.2 分部、分项工程的关键施工工艺要求。

2.3 施工机具的准备。

2.4 主要施工材料的技术要求。

2.5 本专业施工技术关键要求及验收要求。

2.6 试验、单体调试、系统调试、联动调试的要求。

2.7 分部、分项工程的验收标准。

2.8 注意事项。

技术负责人：　　　　　　　　交底人：　　　　　　　　接交人：

① 由浙江快达建设安装工程集团有限公司编制。

附件 17-1 消防安装通用要求交底记录[①]

工程名称 工程编号

交底内容 消防安装通用要求交底 交底日期 年 月 日

1 建筑工程的消防设计图纸，必须由有相应设计资格证书的设计单位完成，且为经消防机构审核批准后的施工图纸。

2 必须严格按照已审核批准的消防设计图纸施工，做到按图施工，不得擅自改动。

3 安装的消防产品、机电产品和材料应符合下列条件。

3.1 消防工程使用的设备和材料有两种类型：消防工程专用消防产品和非专用的通用产品。专用消防产品如自动喷水灭火系统的喷头、水流指示器、消防水泵、报警阀组、水泵结合器；通用产品如镀锌钢管、稳压泵、压力表、减压阀、止回阀、闸阀。

3.2 采购的专用消防产品应具有公安部消防产品合格评定中心颁发的强制性产品认证证书或产品形式认可证书，证书应在有效期内。

3.3 采购的通用产品应具有形式检测报告，检验合格，形式检测报告应在有效检验周期内。

3.4 选用的高低压柜、各类箱屏、电线电缆，应当具有合格证、3C 证书，设备上有铭牌。

3.5 选用的各类钢材，应符合有关标准和设计要求，厂家要出具材质证明和合格证。

3.6 各种主要辅料、管件、焊条、油漆等应有合格证。

4 选用的机具必须符合施工现场的技术要求，使用强检和非强检的计量器具应按国家计量法的要求进行管理。

5 施工管理人员，如施工员、质检员、材料员等应做到持证上岗。特殊工种，如电工、焊工等也应做到持证上岗。

6 工程施工中应接受公安消防监督机构和质量监督机关等上级单位的检查指导，以确保工程质量。

7 施工中应严格按已批准的设计图纸施工，认真执行有关的消防设计规范、施工验收规范、施工工艺及有关的图集、厂方资料等施工要求。

8 施工工程记录和资料的收集整理与填写，应做到与工程同步，工程竣工验收后，交付使用时，应交给建设单位一套完整的工程资料，并按合同要求绘制竣工图。

9 消防工程安装调试全部完成后，施工单位应先进行自检自验，合格后再报建设单位（监理单位）进行竣工验收，办理竣工验收单。

10 配合建设单位或施工单位委托的建筑消防设施检测单位进行技术测试，积极整改出现的问题。

11 配合建设单位向公安消防监督机构提交验收申请，送交有关资料，参与公安消防监督机构主持的消防工程验收工作，积极整改验收过程中提出的问题，验收合格后及时办理工程移交手续。

技术负责人： 交底人： 接交人：

---

① 由浙江快达建设安装工程集团有限公司编制。

附件 17-2　消防电气配管交底记录①

工程名称　　　　　　　　　　　　　　　　　　　　　工程编号

交底内容　　消防电气配管交底　　　　　　　　　　　交底日期　　　年　　月　　日

1 材料要求。电气保护管均采用 DN15、DN20、DN25 的 JDG 镀锌钢管，连接方式为螺丝紧定连接，该方式连接的螺丝头必须拧断。

2 管线敷设方式。导管敷设采用砼内暗敷，导管要从侧面进入盒内。施工工序为：接线盒定位及固定、接线盒封堵、导管连接、导管固定。接线盒内采用木屑、泡沫或湿报纸封堵，封堵前与导管连接的锁头应连接完毕，导管用绑线绑定在底筋上，导管间固定间距不得大于 1.0m。所有连接处必须用防水胶带缠绕。

3 需要下到模板下的管，必须用木钻在底板上钻孔，严禁用其他方式凿孔。

4 柱面上的盒体绑定必须牢固，必要时可用钉子直接将盒体钉在模板上。

5 感烟探测器保护半径为 5.7m，与灯具的距离为 0.5m；手动火灾报警按钮布置间距为 30m；扬声器布置间距为 25m，且距离末端墙体不得大于 12.5m。布置设备位置时应灵活考虑。

6 本工序施工验收按照《建筑电气工程施工质量验收规范》（GB 50303—2015）及《火灾自动报警系统施工及验收规范》（GB 50166—2007）的要求执行。本次交底未尽事宜按照此两项规范的要求施行。

7 注意事项。

7.1 严格按照图纸及技术交底施工，发现问题及时与甲方沟通。

7.2 配管完毕后，应认真复查，避免漏配现象发生。

技术负责人：　　　　　　　　交底人：　　　　　　　　接交人：

① 依据相关安装专业施工规范（详见本交底记录）编制。

附件 17-3 消防电气管内配线交底记录①

工程名称　　　　　　　　　　　　　　　工程编号

交底内容　　消防电气管内配线交底　　　交底日期　　　年　　月　　日

1 材料要求。同一工程中的导线，应根据不同用途选择不同颜色加以区分，相同用途的导线颜色应一致。消防报警系统直流电源正极应为红色，负极应为蓝色或黑色。消防电管应采用金属电管，暗敷可选用厚壁钢管，明敷可选用 JDG 镀锌金属电管或镀锌厚壁钢管，明敷电管外壁应涂刷防火涂料，防火涂料应有产品检测报告及合格证。

2 管线敷设方式。吊顶内的电管敷设，采用镀锌吊件吊装，吊件间距为 1.5m，且在分线盒两侧 300mm 处需设置吊件。镀锌钢管外表面涂钢性防火涂料。非吊顶内的电管敷设，采用开槽暗装，墙面或棚面线槽深度不得小于 30mm。设备分线盒与设备之间采用 DN15 金属软管连接，金属软管长度不得超过 1.2m。所有管线与分线盒之间均采用锁头连接件连接，且应加设护口。

3 感烟探测器保护半径为 5.7m，与灯具的距离为 0.5m，手动火灾报警按钮布置间距为 30m；扬声器布置间距为 25m，且距离末端墙体不得大于 12.5m。布置感烟探测器位置时应灵活考虑。

4 布线时，分线盒内的导线余量不得小于 150mm，导线连接采用导线连接器或压线帽压接，导线连接器或压线帽的规格与线径应相符。

5 导线对地绝缘和线间绝缘不得小于 20MΩ。

7 消防模块应单独安装于模块专用箱内，不得安装在电气箱内。

6 本工序施工验收按照《建筑电气工程施工质量验收规范》（GB 50303—2015）及《火灾自动报警系统施工及验收规范》（GB 50166—2007）的要求执行。本次交底未尽事宜按照此两项规范的要求施行。

技术负责人：　　　　　　　　交底人：　　　　　　　　接交人：

① 依据相关安装专业施工规范（详见本交底记录）编制。

附件 17-4 消防报警设备安装交底记录[①]

工程名称　　　　　　　　　　　　　　　　　工程编号
交底内容　　消防报警设备安装交底　　　　　交底日期　　　年　　月　　日

1 范围

本工艺标准适用于工业和民用建筑火灾自动报警系统的设备安装工作。

2 施工准备

2.1 材料设备要求

2.1.1 设备、材料及配件进入施工现场应配有清单、使用说明书、质量合格证明文件、国家法定质检机构的检验报告等文件。火灾报警系统中的强制认证（认可）产品还应有认证（认可）证书和认证（认可）标识。

2.1.2 火灾自动报警系统的主要设备应是通过国家认证（认可）的产品。产品名称、型号、规格应与检验报告中的相关条目一致。

2.1.3 火灾自动报警系统设备及配件的规格、型号应符合设计要求。

2.1.4 火灾自动报警系统设备及配件表面应无明显划痕、毛刺等机械损伤，紧固部位无松动。

2.2 作业条件

2.2.1 消防电管敷设已完成，导线敷设已完成并校线合格，满足安装要求。

2.2.2 导线间绝缘电阻经测试符合规范要求，并编号完毕。

3 操作工艺

3.1 工艺流程

探测器、手动火灾报警按钮安装 → 端子箱模块箱安装 → 模块安装 → 报警主机安装。

3.2 探测器的安装

3.2.1 探测器的底座应可靠固定，在吊顶上安装时应先把盒子固定在主龙骨上，或在顶棚上设置固定支架，探测器连接导线必须可靠压接或焊接，当采用焊接时不得使用带腐蚀性的助焊剂，入端处应有明显标志。

3.2.2 探测器底座的外接导线应有 0.15m 的余量，底座的线孔宜封堵，安装完毕后的探测器底座应采取保护措施。

3.2.3 探测器报警确认灯应朝向便于人员观察的主要入口方向。

3.2.4 点型感烟、感温火灾探测器的安装，应符合下列要求。

1）探测器至墙壁、梁边的水平距离，不应小于 0.5m。

2）探测器周围水平距离 0.5m 内，不应有遮挡物。

3）探测器至空调送风口最近边的水平距离，不应小于 1.5m；至多孔送风顶棚孔口的水平距离，不应小于 0.5m。

4）在宽度小于 3m 的内走道顶棚上安装探测器时，宜居中安装。点型感温火灾探测器的安装间距不应超过 10m；点型感烟火灾探测器的安装间距不应超过 15m。探测器至端墙的距离，

① 依据《火灾自动报警系统施工及验收规范》（GB 50166—2007）编制。

不应大于安装间距的一半。

5）探测器宜水平安装，当确需倾斜安装时，倾斜角不应大于 45°。

3.3 手动火灾报警按钮的安装

3.3.1 手动火灾报警按钮应安装在明显和便于操作的部位。当安装在墙上时，其底边距地（楼）面高度宜为 1.3~1.5m。安装牢固，不应倾斜。

3.3.2 手动火灾报警按钮的连接导线应留有不小于 150mm 的余量，且其端部应有明显标志。

3.4 端子箱的安装

3.4.1 端子箱一般设置在专用的竖井内或机房里，应根据设计要求的高度用金属膨胀螺栓将其固定在墙壁上明装，且安装时应端正牢固，不得倾斜。

3.4.2 用对线器进行对线编号，导线留有一定的余量。把从控制中心来的干线，从火灾报警器和其他设备来的控制线路分别绑扎成束，设在端子板两侧，左侧为从控制中心来的干线，右侧为从火灾报警探测器和其他设备来的控制线路。

3.4.3 压线前应对导线的绝缘进行摇测，合格后再按设计和厂家要求压线。

3.5 输入模块、控制模块类的安装

3.5.1 同一报警区域内的模块宜集中安装在金属箱内，模块（或金属箱）应独立支撑或固定，安装牢固，并应采取防潮、防腐蚀等措施。

3.5.2 模块的连接导线应留有不小于 150mm 的余量，其端部应有明显标志。隐蔽安装时，在安装处应有明显的部位标示和检修孔。

3.6 火灾应急广播扬声器和火灾警报装置的安装

扬声器应设置在走道和大厅等公共场所。其数量应能保证从一个防火分区内的任何部位到最近一个扬声器的距离不大于 25.0m。走道内最后一个扬声器至走道末端的距离不应大于 12.5m。

1）火灾应急广播扬声器和火灾警报装置安装应牢固可靠，表面不应有破损。

2）火灾光警报装置应安装在安全出口附近明显处，距地面 1.8m 以上。光警报装置与消防应急疏散指示标志不宜在同一面墙上，安装在同一面墙上时，距离应大于 1.0m。

3）每个防火分区应至少设置一个火灾警报装置，其位置宜在报警区域内分布均匀。

3.7 消防电话系统的安装

3.7.1 消防电话、电话插孔、带电话插孔的手动火灾报警按钮宜安装在明显、便于操作的位置。当在墙面上安装时，其底边距地（楼）面高度宜为 1.3~1.5m。

3.7.2 消防电话和电话插孔应有明显的永久性标志。

3.8 火灾报警控制器的安装

3.8.1 火灾报警控制器、区域显示器、消防联动控制器、气体灭火控制器等控制器类设备（以下称控制器）在墙上安装时，其底边距地（楼）面高度宜为 1.3~1.5m，其靠近门轴的侧面距墙不应小于 0.5m，正面操作距离不应小于 1.2m；落地安装时，其底边宜高出地（楼）面 0.1~0.2m。

3.8.2 设备面盘前的操作距离：单列布置时不应小于 1.5m，双列布置时不应小于 2.0m。在值班人员经常工作的一面，设备面盘至墙的距离不应小于 3.0m。设备面盘排列长度大于 4.0m 时，其两端应设置宽度不小于 1.0m 的通道。

3.8.3 控制器应安装牢固，不应倾斜；安装在轻质墙上时，应采取加固措施。

3.8.4 引入控制器的电缆或导线，应符合下列要求。

1）配线应整齐，不宜交叉，并固定牢靠。

2）电缆芯线和所配导线的端部，均应标明编号，并与图纸一致，字迹应清晰且不易褪色。

3）端子板的每个接线端接线不得超过2根；电缆芯和导线，应留有不小于200mm的余量。

4）导线应绑扎成束；导线穿管或穿线槽后，应将管口、槽口封堵。

3.8.5 控制器的主电源应有明显的永久性标志，并应直接与消防电源连接，严禁使用电源插头。控制器与其外接备用电源应直接连接。

4 质量验收

4.1 探测器的质量验收

4.1.1 探测器的规格、型号、数量应符合设计要求，安装应满足第3.2条要求。检验方法：对照图纸观察检查、尺量。

4.1.2 在探测区域模拟火灾时，探测器应能在规定的时间内正确响应。检验方法：观察检查。

4.2 手动火灾报警按钮的质量验收

4.2.1 手动火灾报警按钮的规格、型号、数量应符合设计要求，安装应满足第3.3条要求。检验方法：对照图纸观察检查、尺量。

4.2.2 施加适当推力或模拟动作时，手动报警按钮应能发出火灾报警信号。检验方法：观察检查。

4.3 火灾报警控制器的质量验收

报警控制器的规格、型号、容量、数量应符合设计要求，安装应满足第3.8条要求。检验方法：对照图纸观察检查、尺量。

5 成品保护

5.1 安装火灾报警系统设备时，要特别注意保护装饰顶面和保持墙面整洁。

5.2 探测器安装后，应采取防尘、防潮保护措施，点型探测器的保护罩可在调试前才拆除。

6 应注意的质量问题

6.1 探测器安装后与墙壁、梁、障碍物、风口等的距离未能满足第3.2条要求，是由于线盒测量定位不准确或者综合布局考虑不周，应及时修正。

6.2 探测器安装后报警确认灯未朝向便于人员观察的主要入口方向，是由于底座未找正，应及时修正。

6.3 设备接地导线截面不够或未保护接地，应按有关规定进行纠正。

6.4 控制器内配线排列不整齐，应绑扎成束，并固定在线卡内，做好回路标识。

7 质量记录

7.1 火灾报警系统设备出厂合格证、检验报告、认证（认可）证书。

7.2 电气绝缘电阻测试记录。

7.3 接地电阻测试记录。

7.4 火灾自动报警系统施工过程检查记录。

技术负责人：　　　　　　交底人：　　　　　　接交人：

附件 17-5　室内消火栓系统安装交底记录[①]

工程名称　　　　　　　　　　　　　　　　工程编号
交底内容　室内消火栓系统安装交底　　　　交底日期　　年　月　日

1 施工准备

1.1 材料要求

1.1.1 消防管道的管材应根据设计要求选用，一般采用热镀锌钢管及管件，管壁内外镀锌均匀，无锈蚀、无飞刺，管件无偏差、丝扣不全、角度不准等现象。

1.1.2 消火栓箱体的规格类型应符合设计要求，箱体表面平整、光洁，金属箱体无锈蚀、划伤，箱门开启灵活，箱体方正，箱内配件齐全。栓阀外形规矩，无裂纹，启闭灵活，关闭严密，密封填料完好，有产品出厂合格证和形式认可证书。

1.2 主要机具

1.2.1 套丝机、砂轮锯、台钻、电锤、手砂轮、手电钻、电焊机、电动试压泵等机械。

1.2.2 套丝板、管钳、台钳、压力钳、链钳、手锤、钢锯、扳手、射钉枪、电气焊等工具。

1.2.3 钢卷尺、平尺、角尺、游标卡尺、线坠、水平尺等量具。

1.3 作业条件

1.3.1 主体结构已验收，现场已清理干净。

1.3.2 管道安装所需要的基准线应测定并标明，如吊顶标高、地面标高、内隔墙位置线等。

1.3.3 设备基础经检验符合设计要求，达到安装条件。

1.3.4 安装管道所需要的操作架应由专业人员搭设完毕。

1.3.5 管道支架、预留孔洞的位置、尺寸正确。

2 操作工艺

2.1 工艺流程

安装准备→立、干管安装→箱体及支管安装→管道压力试验→管道冲洗→箱体配件安装→系统通水试调。

2.2 安装准备

2.2.1 认真熟悉图纸，结合现场情况复核管道的坐标、标高是否得当，如有问题，及时与设计人员研究解决，办理洽商手续。

2.2.2 检查预留及预埋是否正确，临时剔凿应与工建单位协调好。

2.2.3 检查设备材料是否符合设计要求和质量标准。

2.2.4 安排合理的施工顺序，避免工种交叉作业干扰，影响施工。

2.3 立、干管安装

2.3.1 消火栓系统干管安装应根据设计要求使用管材。

2.3.2 管道在焊接前应清除接口处的浮锈、污垢及油脂。

2.3.3 当管的直径不大于 100mm 时，采用螺纹丝口连接；直径大于 100mm 时，采用沟槽连接。

---

① 依据《建筑给水排水及采暖工程施工质量验收规范》（GB 50242—2002）编制。

连接处破坏镀锌层的应做防腐处理。

2.3.4 管道穿墙处不得有接口；管道穿过伸缩缝处应按设计要求设置波纹管等。

2.3.5 在高层消防系统中，当消火栓静压超过 0.5MPa 时，应按设计要求采用减压孔板或节流管等装置均衡压力。减压孔板应设置在直径不小于 50mm 的水平管段上，孔口直径不应小于安装管段直径的 50%，孔板应安装在水流转弯处下游一侧的直管段上，与弯管的距离不应小于设置管段直径的 2 倍。采用节流管时，其长度不宜小于 1.0m。

2.4 箱体及支管安装

2.4.1 消火栓箱体要符合设计要求，产品应有形式认可证书和出厂合格证。

2.4.2 消火栓支管要以栓阀的标高定位甩口，核定后再稳固消火栓箱，箱体找正稳固后再把栓阀安装好，栓口朝外并不应安装在门轴侧，箱门开启灵活。

2.4.3 消火栓箱体安装在轻体隔墙上应有加固措施。

2.5 管道压力试验

2.5.1 消防管道试压为配合装修可分层分段进行，上水时最高点要有排气装置，高低点各装一块压力表，上满水后检查管路有无渗漏，如有法兰、阀门等部位的渗漏，应在加压前紧固，升压后再出现渗漏时做好标记，卸压后处理，必要时做泄水处理。冬季试压，环境温度不得低于 +5℃，试压合格后及时办理验收手续。

2.5.2 消火栓管道安装完成后，按设计指定压力进行水压试验，如设计无要求，一般按工作压力的 1.5 倍，稳压 10min，压力降不大于 0.02MPa。

2.6 管道冲洗。消防管道在试压完毕后可连续做冲洗工作，冲洗前先将系统中的流量减压孔板、过滤装置拆除，冲洗水质合格后重新装好，冲洗出的水要有排放去向，不得损坏其他成品，直至进出水口水质一致时方可结束。

2.7 箱体配件安装应在交工前进行。消防水龙带应折好放在挂架上式卷实、盘紧放在箱内；消防水枪要竖放在箱体内侧，自救式水枪和软管应放在挂卡上或放在箱底部。消防水龙带与水枪，快速接头的连接，一般用 14# 铅丝绑扎 2 道，每道不少于 2 圈，使用卡箍时，在里侧加 1 道铅丝。设有电控按钮时，应注意与电气专业人员配合施工。

2.8 系统通水调试

2.8.1 通水调试前消防设备（包括水泵、结合器、节流装置等）应安装完，其中水泵做完单机调试工作。

2.8.2 系统通水达到工作压力，选系统最不利点消火栓和首层 2 只消火栓做喷射试验，通过水泵结合器及消防水泵加压，消防栓喷射充实水柱均应满足设计要求。

3 质量标准

3.1 主控项目：室内消火栓系统安装完成后应取屋顶层试验消火栓和首层取 2 处消火栓做喷射试验，达到设计要求为合格。检验方法：实地试射检查。

3.2 一般项目：水龙带与消火栓、快速接头的绑扎紧密并卷折，挂在托盘或支架上。箱式消火栓的安装允许偏差项目：消火栓阀门中心距地面 1.1m，允许偏差 20mm；阀门距箱侧面 140mm，距箱后内表面 100mm，允许偏差 5mm；消火栓箱体安装的垂直度允许偏差为 3mm。检验方法：观察和尺量检查。

4 成品保护

4.1 消防系统施工完毕后，各部位的设备组件要有保护措施，防止碰动跑水，损坏装修成品。

4.2 消防管道安装与土建及其他管道发生矛盾时，不得私自拆改，要经过设计，办理变更、洽商手续妥善解决。

5 应注意的质量问题

5.1 消火栓箱门关闭不严，由安装未找正或箱门强度不够而变形造成。

5.2 消火栓阀门关闭不严，由管道未冲洗干净、阀座有杂物造成。

6 质量记录

6.1 材料设备的出厂合格证、法定检测单位的检测报告、形式认可证书。

6.2 隐蔽验收记录。

6.3 管道系统试压记录。

6.4 管道系统冲洗记录。

6.5 消火栓喷射试验记录。

6.6 消火栓系统系统通水调试记录。

技术负责人：　　　　　　　交底人：　　　　　　　接交人：

附件 17-6　喷淋系统安装交底记录①

工程名称　　　　　　　　　　　　　　　　　工程编号
交底内容　　喷淋系统安装交底　　　　　　　交底日期　　　年　　月　　日

1 施工准备

1.1 材料要求

1.1.1 喷淋系统的管材应根据设计要求选用，一般采用热镀锌钢管及管件，管壁内外镀锌均匀，无锈蚀、无飞刺，管件无偏差、丝扣不全、角度不准等现象。

1.1.2 喷淋系统的报警阀、作用阀、控制阀、延迟器、水流指示器、水泵结合器等主要组件的规格型号应符合设计要求，配件齐全，铸造规矩，表面光洁、无裂纹，启闭灵活。

1.1.3 喷头的规格、类型、动作温度应符合设计要求，外形规矩，丝扣完整，感温包无破碎和松动，易熔片无脱落和松动。

1.2 主要机具

1.2.1 套丝机、砂轮锯、台钻、电锤、手砂轮、手电钻、电焊机、电动试压泵等机械。

1.2.2 套丝板、管钳、压力钳、链钳、手锤、钢锯、扳手、射钉枪、倒链、电气焊等工具。

1.2.3 钢卷尺、平尺、角尺、游标卡尺、线坠、水平尺等量具。

1.3 作业条件

1.3.1 施工图纸及有关技术文件应齐全，现场水电气应满足连续施工要求，系统设备材料应能保证正常施工。

1.3.2 预留、预埋应随结构完成。管道安装所需要的基准线应测定并标明，如吊顶标高、地面标高、内隔墙位置线等。

1.3.3 设备安装前，基础应检验合格。喷洒头及支管安装应配合吊顶装修进行。

1.3.4 喷头安装按建筑装修图确定位置，吊顶龙骨安装完按吊顶材料厚度确定喷洒头的标高，封吊顶时按喷洒头预留口位置在顶板上开孔。

2 操作工艺

2.1 工艺流程

安装准备→管网安装→设备安装→喷头支管安装→喷头及系统组件安装→通水调试。

2.2 安装准备

2.2.1 熟悉图纸并对照现场复核管路、设备位置、标高是否有交叉、排列不当，如有问题，及时与设计人员研究解决，办理洽商手续。检查预埋或预留洞是否正确，需临时剔凿应与土建人员协商后再进行。

2.2.2 安装前进场设备材料的检验。进场设备材料的规格、型号应满足设计要求，外观整洁，无缺损、变形及锈蚀；镀锌或涂漆均匀无脱落，法兰密封面应完整光洁，无毛刺及径向沟槽；丝扣完好无损伤；水泵盘车应灵活，无阻滞及异常声响；设备配件应齐全；报警阀逐个通过渗漏试验，阀门、喷头的抽样强度、严密性试验结果应满足施工验收规范规定。

---

① 依据《自动喷水灭火系统施工及验收规范》（GB 50261—2005）编制。

2.3 管网安装

2.3.1 自动喷水灭火系统管材应根据设计要求选用,设计无要求时一般采用镀锌钢管及管件。当管的公称直径≤100mm 时，应采用螺纹连接；当管的公称直径>100mm 时，采用沟槽连接。

2.3.2 管道安装前应校直管子并清除内部杂物，停止安装时已安装的管道敞口应封堵好。

2.3.3 管道穿过伸缩缝时，应设置波纹管，在伸缩缝两侧梁加固定支架。

2.3.4 自动喷水灭火系统管道支吊架选材及做法应满足施工图集要求，支吊架最大间距符合附表 17-1 的规定。

附表 17–1　自动喷水灭火系统管道支吊架最大间距要求

参数	管道公称直径 /mm											
	25	32	40	50	70	80	100	125	150	200	250	300
最大间距 /m	3.5	4.0	4.5	5.0	6.0	6.0	6.5	7.0	8.0	9.5	11.0	12.0

2.3.5 干管安装

1）喷淋干管采用沟槽连接时，其沟槽和开孔应用专用滚槽机和开孔机加工，并应做防腐处理；连接前应检查沟槽和孔洞尺寸，加工质量符合技术要求；沟槽、孔洞处不得有毛刺、破损性裂纹和脏物。橡胶密封圈应无破损和变形，紧固时如起皱应更换新的橡胶圈。

2）沟槽机械三通连接时，机械三通开孔间距不应小于 500mm，机械四通开孔间距不应小于 1000mm。

3）沟槽连接时，立管与水平管的连接应采用沟槽管件，不应采用机械三通。

2.3.6 喷头支管安装

1）管道的分支预留口在吊装前应先预制好，丝接的采用三通定位预留口。

2）当管道变径时，宜采用异径接头。在管道弯头处不得采用补心。当需要采用补心时，三通上可用 1 个，四通上不应超过 2 个。

3）配水支管上的每一直管段，相邻两喷头之间的管段设置的吊架均不宜少于 1 个，当喷头之间距离小于 1.8m 时，可隔段设置，但吊架的间距不宜大于 3.6m。每一配水支管宜设一个防晃支架。管道支吊架的安装位置不应妨碍喷头的喷水效果。

2.3.7 水压试验

1）喷洒管道水压试验可分层、分段进行，上水时最高点要有排气装置，高低点各装 1 块压力表，上满水后检查管路有无泄漏。如有法兰、阀门等部位泄漏，应在加压前紧固，升压后再出现泄漏时做好标记，在卸压后处理，必要时做泄水处理。

2）水压试验压力应根据工作压力确定。当系统工作压力等于或小于 1.0MPa 时，试验压力采用 1.4MPa；当系统工作压力大于 1.0MPa 时，试验压力采用工作压力再加 0.4MPa。试压时稳压 30min，目测管网应无泄漏和变形，且压力降不大于 0.05MPa。试压合格后及时办理验收手续。

3）冬季试水压，环境温度不得低于 +5℃。若低于 +5℃，应采取防冻措施。

2.4 喷头及系统组件安装

2.4.1 水流指示器安装。水流指示器一般安装在每层或某区域的分支干管上。水流指示器前后应保持有 5 倍安装管径长度的直管段，安装时应水平立装，注意水流方向与指示的箭头方向保持一致。安装后，水流指示器浆片、膜片应动作灵活，不应与管壁发生碰擦。

2.4.2 报警阀配件安装。报警阀配件一般包括压力表、压力开关、延时器、过滤器、水力警铃、泄水管等，应严格按照说明书或安装图册进行安装。水力警铃应安装在公共通道或值班室附近的外墙上，且应安装检修测试用的阀门。水力警铃与报警阀的连接应采用镀锌钢管，当镀锌钢管公称直径为 20mm 时，其长度不应大于 20m。安装后的水力警铃启动压力不应小于 0.5MPa。

2.4.3 喷洒头安装。喷洒头一般在吊顶板装完后安装，安装应采用专用扳手。安装在易受机械损伤处的喷头，应加设防护罩。喷洒头丝扣填料应采用聚四氟乙烯带。

2.4.4 节流装置安装。节流装置应安装在公称直径不小于 50mm 的水平管段上。减压孔板应安装在管道内水流转弯处下游一侧的直管上，且与转弯处的距离不应小于管子公称直径的 2 倍。

2.5 通水调试

2.5.1 喷洒系统安装完进行整体通水，使系统达到正常的工作压力准备调试。

2.5.2 通过末端装置放水，当管网压力下降到设定值时，稳压泵应启动，停止放水，当管网压力恢复到正常值时，稳压泵应停止运行。当末端装置以 0.94~1.50L/s 的流量放水时，稳压泵应自锁，水流指示器、压力开关、水力警铃和消防水泵等应及时动作并发出相应信号。

3 质量标准

3.1 保证项目

3.1.1 消防系统水压试验结果及使用的管材品种、规格、尺寸必须符合设计要求和施工规范规定。

3.1.2 水泵的规格、型号必须符合设计要求，水泵试运转的轴承温升必须符合相应规范规定。

3.1.3 自动喷洒和水幕消防装置喷头的位置、间距和方向必须符合设计要求和施工验收规范要求。

3.2 基本项目

3.2.1 镀锌管道螺纹连接应牢固，接口处无外漏油麻且防腐良好。

3.2.2 法兰连接应对接平行、紧密且与管中心线垂直，螺杆露出螺母的长度不大于螺杆直径的 1/2。

3.2.3 镀锌钢管的焊接，焊口平直度、焊缝加强面应符合施工规范规定，表面无烧穿裂纹、夹渣、气孔等缺陷，焊口内外做好防腐。

3.3 允许偏差项目

3.3.1 水平管道安装坡度应在 0.002~0.005 之间。

3.3.2 吊架与喷头的距离不应小于 300mm，距末端喷头的距离不大于 750mm。

3.3.3 吊架应设在相邻喷头间的管段上。当相邻喷头间距不大于 3.6m 时，吊架可设 1 个；当间距小于 1.8m 时，允许隔段设置吊架。

4 成品保护

4.1 消防系统施工完毕后，各部位的设备组件要有保护措施，防止碰动跑水，损坏装修成品。

4.2 对报警阀配件及各部位的仪表等均应加强管理，防止丢失和损坏。

4.3 消防管道安装与土建及其他管道矛盾时，不得私自拆改，要经过设计，办理洽商手续妥善解决。

4.4 喷洒头安装时不得损坏和污染吊顶装修面。

5 应注意的质量问题

5.1 各专业工序安装协调不好，没有总体安排，使得喷洒管道拆改严重。

5.2 尚未试压就封顶，造成通水后渗漏。

5.3 支管末端弯头处未加卡件固定、支管尺寸不准，造成喷洒头与吊顶接触不牢、护口盘不正。

5.4 未拉线安装喷头，造成喷头不成排、不成行。

5.5 水流指示器安装方向相反、电接点有氧化物造成接触不良，水流指示器浆片与管径不匹配造成水流指示器工作不灵敏。

5.6 阀门未开启，单向阀装反或有盲板未拆除，造成水泵结合器不能加压。

6 质量记录

6.1 材质证明、产品合格证、主要系统组件检测报告。

6.2 进场设备材料检验记录。

6.3 施工试验记录。

6.4 管道系统强度严密性试验记录。

6.5 管道系统冲（吹）洗试验记录。

6.6 水泵单机试运转记录。

6.7 调试报告。

技术负责人： 交底人： 接交人：

附件 17-7　弱电工程综合布线交底记录[①]

工程名称　　　　　　　　　　　　　　　　　工程编号
交底内容　　弱电工程综合布线交底　　　　　交底日期　　　年　　月　　日

1 材料要求

1.1 对绞电缆和光缆的型号、规格、程式、形式应满足设计及规范的要求。电缆所附标志、标签内容应齐全、清晰（电缆标志内容：在电缆的护套上约以 1m 的间隔标明生产厂厂名或代号、电缆型号规格，必要时还标明生产年份。标签内容：电缆型号规格、生产厂厂名或专用标志、制造年份、电缆长度）。电缆外护套须完整无损，电缆应附有出厂质量检验合格证，并应附有本批量电缆的性能检验报告。

1.2 钢管（或电线管）的型号、规格应符合设计要求，壁厚均匀，焊缝均匀，无劈裂、砂眼、棱刺和凹扁现象。除镀锌管外，其他管材需预先除锈，刷防腐漆（现浇混凝土内敷钢管，可不刷防腐漆，但应除锈）。镀锌管或刷过防腐漆的钢管外表完整无剥落，并有产品合格证。

1.3 管道采用水泥管块时，应符合《通信管道工程施工及验收技术规范》（GB 50374—2006）中的相关规定。

1.4 金属线槽及其附件应采用经过镀锌处理的定型产品，其型号、规格应符合设计要求。线槽内外应光滑平整，无棱刺，不应有扭曲、翘边等变形现象，并应有产品合格证。

1.5 各种镀锌铁件表面处理和镀层应均匀完整，表面光洁，无脱落、气泡等缺陷。

1.6 各类跳线、接线排、信息插座、光纤插座等的型号、规格、数量应符合设计要求，其发射、接收标志明显，并应有产品合格证。

1.7 配线设备、电缆交接设备的型号、规格应符合设计要求，光电缆交接设备的编排及标志名称应与设计相符，各类标志名称统一，标志位置正确、清晰，并应有产品合格证及相关技术文件资料。

1.8 电缆桥架、金属桥架的型号、规格、数量应符合设计要求，金属桥架镀锌层不应有脱落损坏现象，桥架应平整、光滑，无棱刺、扭曲、翘边、铁损变形现象，并应有产品合格证。

1.9 各种模块设备型号、规格、数量应符合设计要求，并应有产品合格证。

1.10 交接箱、暗线箱型号、规格、数量应符合设计要求，并应有产品合格证。

1.11 塑料线槽及其附件型号、规格应符合设计要求，并选用相应的定型产品。其敷设场所的环境温度不得低于 −15℃，其阻燃性能氧指数不应低于 27%。线槽内外应光滑，无棱刺、扭曲、翘边等变形现象，并应有产品合格证。

2 主要机具

2.1 煨管器、液压煨管器、液压开孔器、压力案子、套丝机，套管机。

2.2 手锤、錾子、钢锯、扁锉、圆锉、活扳手、鱼尾钳。

---

① 依据《综合布线系统工程验收规范》（GB 50312—2016）编制。

2.3 铅笔、皮尺、水平尺、线坠、灰铲、灰桶、水壶、油桶、油刷、粉线袋等。

2.4 手电钻、台钻、钻头、射钉枪、拉铆枪、工具袋、工具箱、高凳等。

2.5 测试仪表和设备：万用表、摇表、光时域反射仪、噪声测试仪、场强测试仪、电桥、网络分析仪等。

3 作业条件

3.1 结构工程中预留地槽、套管、孔洞的位置、尺寸、数量应符合设计规定。

3.2 交接间、设备间、工作区土建工程已全部竣工。房屋内装饰工程完工，地面、墙面平整、光洁，门的高度和宽度应不妨碍设备和器材的搬运，门锁和钥匙齐全。

3.3 设备间铺设活动地板时，板块铺设严密牢固，水平允许偏差不应大于 2mm/m，地板支柱牢固，活动地板防静电措施的接地应符合设计和产品说明要求。

3.4 交接间、设备间提供可靠的施工电源和接地装置。

3.5 交接间、设备间的面积、环境温度、湿度应符合设计要求和相关规定。

3.6 交接间、设备间应符合安全防火要求，预留孔洞采取防火措施，室内无危险物堆放，消防器材齐全。

4 操作工艺

4.1 工艺流程

器材检验→管路敷设→盒箱稳固→设备安装→线缆敷设→线缆终端安装→系统调试→竣工核验

4.2 器材检验

4.2.1 施工前应对所用器材进行外观检验，检查其型号、规格、数量、标志、标签、产品合格证、产品技术文件资料，有关器材的电气性能、机械性能、使用功能及其他相关特殊性能应符合设计规定。

4.2.2 电缆电气性能抽样测试应符合产品出厂检验要求及相关规范规定。

4.2.3 光纤特性测试应符合产品出厂检验要求及相关规范规定（有关器材检验的具体要求，请参见《建筑与建筑群综合布线系统工程施工及验收规范》CECS 89：97 相关部分）。

4.3 管路敷设

4.3.1 金属管或阻燃型硬质（PVC）塑料管暗敷设要求

1）暗配管宜采用金属管或阻燃型硬质塑料管，预埋在墙体中间的暗管内径不宜超过 50mm，楼板中的暗管内径应为 15~25mm。直线布管 30m 处应设置暗拉线盒或接线箱。

2）暗配管的转弯角度应大于 90°，在路径上每根暗管的转弯不得多于 2 个，并不应有 S 弯出现。在弯曲布管时，每间隔 15m 处应设置暗拉线盒或接线箱。

3）暗配管转弯的弯曲半径不应小于该管外径的 6 倍，如暗管外径大于 50mm，弯曲半径不应小于管外径的 10 倍。

4）金属管和阻燃硬质塑料管具体施工请按有关规范进行。

4.3.2 金属线槽地面暗敷设要求

1）在建筑物中预埋线槽，可根据其尺寸不同，按 1 层或 2 层设置，应至少预埋 2 根以上，线槽截面高度不宜超过 25mm。

2）线槽直埋长度超过 6m 或在线槽路由交叉、转弯时，宜设置拉线盒，以便于布放线缆和维修。

3）拉线盒应能开启，并与地面齐平，盒盖处应采取防水措施。

4）线槽宜采用金属管引入分线盒内。地面金属线槽安装施工请按有关规范要求进行。

4.3.3 网络地板线缆敷设保护要求

1）线槽之间应沟通。

2）线槽盖板应可开启。

3）主线槽的宽度宜在 200~400mm，支线槽宽度不宜小于 70mm。

4）可开启的线槽盖板与明装插座底盒间应采用金属软管连接。

5）地板块与线槽盖板应抗压、抗冲击和阻燃。

6）当网络地板具有防静电功能时，地板整体应接地。

7）网络地板板块间的金属线槽段与段之间应保持良好导通并接地。

4.3.4 桥架敷设要求

1）桥架水平敷设时，吊（支）架间距一般为 1.5~3.0m，垂直敷设时，固定在建筑物构体上的间距宜大于 2.0m。

2）桥架及槽道的安装位置应符合设计图规定，左右偏差不应超过 50mm。

3）桥架及槽道水平度偏差不应超过 2mm/m。

4）垂直桥架及槽道应与地面保持垂直，并无倾斜现象，垂直度偏差不应超过 3mm/m。

5）两槽道拼接处水平度偏差不应超过 2mm/m。

6）吊（支）架安装应保持垂直平整，排列整齐，固定牢固，无歪斜现象。

7）金属桥架及槽道节与节间应接触良好，安装牢固。

8）金属桥架安装施工请按有关规范要求进行。

9）金属线槽敷设或阻燃型塑料线槽敷设施工请按有关规范要求进行。

4.4 盒箱稳固

4.4.1 信息插座安装

1）信息插座安装在活动地板或地面上，应固定在接线盒内，插座面板有直立和水平等形式，接线盒盖板应可开启，并应严密防水、防尘。接线盒盖板应与地面平齐。

2）信息插座安装在墙体上，宜高出地面 300mm，如地面采用活动地板时，应加上活动地板内净高尺寸。

3）信息插座底座的固定方法依施工现场条件而定，宜采用自攻螺钉、射钉等。

4）固定螺丝需拧紧，不应产生松动。

5）信息插座应有标签，以颜色、图形、文字表示所接终端设备类型。

6）信息插座安装位置应符合设计要求。

4.4.2 交接箱或暗线箱宜暗设在墙体内，预留墙洞安装，箱底高出地面宜为 500~1000mm。

4.5 设备安装

4.5.1 机架安装要求

1）机架安装完毕后，水平度、垂直度应符合厂家规定。如无厂家规定，垂直度偏差不应大于 3mm/m。

2）机架上的各种零件不得脱落或碰坏。漆面如有脱落应补漆，各种标志完整清晰。

3）机架的安装应牢固，应按设计图的防震要求进行加固。

4）安装机架面板，架前应留有1.5m空间、机架背面离墙的距离应大于0.8m，以便于安装和施工。

5）壁挂式机架底边距地面宜为300~800mm。

4.5.2 配线设备机架安装要求

1）采用下走线方式，架底部位置应与电缆上线孔相对应。

2）各直列垂直倾斜误差不应大于3mm/m，底座水平误差不应大于2mm/m。

3）接线端子各种标志应齐全。

4.5.3 各类接线模块安装要求

1）模块设备应完整无损、安装到位、标志齐全。

2）安装螺丝应拧紧牢固，面板应保持在一个水平面上。

4.5.4 接地要求

安装机架时，配线设备，金属钢管、槽道、接地体，保护接地导线截面、颜色应符合设计及规范要求，并保持良好的电气连接，压接处牢固可靠。

4.6 线缆敷设

4.6.1 线缆敷设一般要求

1）线缆布放前应核对型号、规格、程式、路由、位置，保证其与设计规定相符。

2）线缆的布放应平直，不得产生扭绞、打圈等现象，线缆不应受到外力的挤压。

3）线缆在布放前两端应贴有标签，以标明起始和终端位置，标签书写应清晰、端正、正确。

4）电源线、信号电缆、对绞电缆、光缆及建筑物内其他弱电系统的线缆应分离布放，各线缆间的最小净距应符合设计要求。

5）线缆布放时应有冗余。交接间、设备间的对绞电缆预留长度一般为3~6m；工作区为0.3~0.6m。光缆在设备端预留长度一般为5~10m。有特殊要求的应按设计要求预留长度。

6）线缆的弯曲半径要求

①非屏蔽4对对绞电缆的弯曲半径应至少为电缆外径的4倍，在施工过程中应至少为8倍。

②屏蔽对绞电缆的弯曲半径应至少为电缆外径的6倍。

③主干对绞电缆的弯曲半径应至少为电缆外径的10倍。

④光缆的弯曲半径应至少为光缆外径的15倍，在施工过程中应至少为20倍。

7）线缆布放时，在牵引过程中，吊挂线缆的支点相隔间距不应大于1.5m。

8）布放线缆的牵引力应小于线缆允许张力的80%，光缆瞬间最大牵引力不应超过光缆允许的张力。在以牵引方式敷设光缆时，主要牵引力应加在光缆的加强芯上。

9）线缆布放过程中，为避免线缆受力和扭曲，应制作合格的牵引端头。用机械牵引时，应根据线缆牵引的长度、布放环境、牵引张力等因素选用集中牵引或分散牵引等方式。

10）布放光缆时，光缆盘转动应与光缆布放同步，光缆牵引的速度一般为15m/s。光缆出盘处要保持松弛的弧度，并留有缓冲的余量，余量不宜过多，避免光缆出现背扣。

11）对绞电缆与380V电力电缆最小净距应符合附表17-2的规定。

附表 17–2　对绞电缆与 380V 电力电缆最小净距

条件	最小净距 /mm		
	额定功率＜ 2kV•A 时	额定功率为 2～5kV•A 时	额定功率＞ 5kV•A 时
对绞电缆与电力电缆平行敷设	130	300	600
有一方在接地的金属槽道或钢管中	70	150	300
双方均在接地的金属槽道或钢管中	10	80	150

注：1 当 380V 电力电缆的额定功率小于 2kV•A，对绞电缆与电力电缆均在接地的线槽中，且电缆平行长度≤10m 时，对绞电缆与电力电缆的最小间距可为 10mm。

2 对绞电缆与电力电缆均在接地的线槽中，系指两个不同的线槽，也可在同一线槽中用金属板隔开。

12）光缆敷设时，综合布线线缆及管线与其他管线的间距应符合附表 17-3 的规定。

附表 17–3　综合布线线缆及管线与其他管线的间距

管线种类	平行净距 /mm	垂直交叉净距 /mm
避雷引下线	1000	300
保护地线	50	20
热力管（不包封）	500	500
热力管（包封）	300	300
给水管	150	20
煤气管	300	20
压缩空气管	150	20

5 成品保护

5.1 安装综合布线系统设备及线缆等时，不得损坏建筑物，并注意保持墙面的整洁。

5.2 安装设置在顶棚内的线缆、管槽等，不应损坏龙骨和顶棚。

5.3 土建室内装饰应落实成品保护措施，不得将设备及器件表面弄脏，应防止地面线槽、信息插座损坏或部件内进水。

5.4 使用高凳或搬运物件时，不得损坏或碰撞墙面和门窗等。

6 应注意的问题

6.1 管道内或地面线槽阻塞或进水影响布线，需疏通管槽，清除水污后布线。

6.2 信息插座损坏、接触不良，需检查修复。

6.3 线缆长度过长时，信号衰减严重，需按设计图进行检查。线缆长度应符合设计要求，调整信号频率，使其衰减符合设计和规范规定。

6.4 光纤连接器极性接反时，信号无输出，需将光纤连接器极性调整正确。

6.5 有信号干扰时，需检查消除干扰源，检查线缆的屏蔽导线是否接地，线槽内并排的导线是否加隔板屏蔽，电缆和光缆是否进行隔离处理，室内防静电地板是否良好接地等。

6.6 光缆传输系统传输衰减严重时，需检查陶瓷头或塑料头的连接器，每个连接点的衰减值是否大于规定值。

6.7 光缆数字传输系统的数字系列比特率不符合规范规定时，需检查数字接口是否符合设计规定。

6.8 设备间子系统接线错误，造成控制设备不能正常工作时，需按设计图检查色标，修正接线错误。

6.9 雷击引起的危险的过电压、过电流影响或损坏综合布线设备器件等时，应选用气体放电管保护器进行过压保护，过流保护应选用能够自恢复的保护器，防止雷击必须同时采用过压、过流保护器。

技术负责人： 交底人： 接交人：

附件 17-8 闭路监控系统交底记录[①]

工程名称 工程编号

交底内容 闭路监控系统交底 交底日期 年 月 日

1 线缆布放应平直，不得产生扭绞、打圈等现象，不应受到外力挤压和损伤。

2 线缆在布放前，两端应贴有标签，标明起始和终端位置，线缆转弯处也应贴标签。标签书写应清晰、端正、正确。

3 室外埋地的弱电配管应用钢管敷设，埋深应不小于 0.8m，并做外防腐处理，结构内预埋管可用 PVC 管敷设，每隔 0.8m 应用钢筋网绑扎牢固。

4 如果摄像机与监视器之间的距离超过设备的允许距离（通常为 250m），则在摄像机驱动器与监视器之间增加一台电缆补偿器。

5 监控场所应做到无死角，要能清晰反映出监控场所的基本情况。

6 要求各监控点能清晰地反映行走人员的形体轮廓。

7 配置投影及监控设备时，应考虑为设备配备抗光、电、磁干扰的补偿装置。

8 主机房内活动地板下部的低压电路应采用铜芯屏蔽电缆，电源线尽可能远离弱电信号线，并避免并排敷设。

9 主机房内地板支架、墙面龙骨、吊顶主龙骨等应与接地网连起来，形成一个等电位网，等电位网接地电阻不大于 1Ω。

10 弱电系统抗干扰处理重点

10.1 弱电线路应做单点接地，接地要可靠。

10.2 在机柜端增设相应的抗干扰补偿装置（如均衡器、压限器等）。

10.3 强、弱电缆平行敷设时，间距应不小于 0.3m，并尽可能确保平行敷设的长度不大于 10m。

11 系统设备主机工作温度较高，故设备房应安装空调，通风畅通，以确保设备可靠运行。

技术负责人： 交底人： 接交人：

① 依据《智能建筑工程施工规范》（GB 50606—2010）编制。

附件 17-9 电气设备送电试运行交底记录[①]

工程名称　　　　　　　　　　　　　　　工程编号
交底内容　电气设备送电试运行交底　　　交底日期　　年　　月　　日

电气设备送电试运行是非常重要的操作程序，必须掌握其操作要点并谨慎、细心。

1 送电前的准备工作

1.1 技术负责人或工作负责人组织有关人员复核配电系统图，检查安装工程情况，制订送电程序和操作要点。

1.2 检查设备的试验及调整资料。

1.3 检查各开关是否均处于“断开”状态，重要部位派专人看管或挂牌标识。

2 操作要求

2.1 复核主开关、联络开关、双投开关是否全部断开，并挂“禁止合闸”标识牌。

2.2 先打开隔离开关，观察各相电压和指示灯的情况，然后再打开空气开关。

2.3 按送电方向从电源侧向负荷侧逐级送电，如发生故障，应停止向下一级负荷送电。

2.4 单台设备送电应先不接电机回路，空送开关箱，然后再按设备运行要求测试控制箱的性能，待一切正常再摇测电机绝缘。确认无问题后，再打开开关，接上电机线路进行单机试车。

2.5 全面送电时，要派人观察回路电流的变化情况，保证其不超过线路允许负荷。

2.6 对已送电或需检修的回路，按开关的状态分别挂上“已送电”“禁止合闸”标示牌。

2.7 做好送电记录和有关参数检测记录。

3 安全规定

3.1 明确送电工作负责人并配备责任心强、技术熟练的电工，指定送电工作监护人，所有参与送电人员应责任明确、听从指挥。

3.2 制订送电方案或计划，应采取措施保证安全，认真检查每一条送电回路，特别是绝缘电阻和开关完好情况。

3.3 操作人员根据送电要求穿戴好劳保用品，戴好绝缘手套，操作果断。送电监护人在操作人旁负责监护送电操作。

3.4 做好电气防火准备，配备灭火器材。电气设备周围不要堆放可燃物。

3.5 送电时周围道路要畅通，不要堆放杂物，留有足够的操作监护空间。

3.6 送电结束后，如果保持送电状态，要安排专人值班，并执行值班制度；如果终止送电，需从负荷侧开始，相继关闭各级开关，最后关闭电源侧的总开关。

技术负责人：　　　　　　　交底人：　　　　　　　接交人：

---

① 依据《建筑电气工程施工质量验收规范》（GB 50303—2015）编制。

附件 17–10 民用暖通空调系统安装交底记录 ①

工程名称 工程编号

交底内容 民用暖通空调系统安装交底 交底日期 年 月 日

1 设备安装

1.1 空调主机应安装在方便检修的位置，且不影响其使用功能，特别是散热功能。

1.2 空调主机的机座统一用 10 号槽钢制作。

1.3 风机盘管应贴板安装，安装标高应符合设计（装饰图）要求或根据风机盘管安装样板施工。

1.4 风机盘管的安装位置距墙 150mm，距窗 200mm，后面有管道的距墙 300mm。

1.5 各空调主机及风机盘管的编号必须抄写正确，随机资料保存完好。

1.6 搬运及安装时不能损坏设备，特别是主机外壳漆、翅片，以及风机盘管的凝结水盘、窝壳、叶轮等。

1.7 风机盘管的接线盒、凝结水管接口、进出水接口必须在同一方向，以便检修。风机盘管接回风管的，必须在回风管部位的平顶上开检查孔。

1.8 设备的安装位置应正确，安装应平稳牢固。

2 风系统

2.1 回风箱的制作应符合要求，压条要上好，保温良好，安装时不得弄坏保温材料。

2.2 回风箱与风机盘管铆接时，回风箱必须要上正，不得歪曲、锉角。

2.3 法兰焊接不应有漏焊，孔洞、法兰对角误差小于 3mm，平整度误差小于 2mm，法兰螺孔及铆钉孔距规定为 120mm，法兰刷油漆前必须除去焊渣，再刷二次红丹。

2.4 风管封头采用窝扣方式，风嘴（0.05m）采用铆接，每处都要打密封胶。法兰铆接时，风管翻边不得小于 6mm，并且四边要一致。

2.5 风管下送风必须设挡风板，风嘴要留钝边。

2.6 安装客厅风管时，两台风机盘管应一致，风管与风机盘管用防水软帆布连接，长度为 200mm，用单法兰压接。

2.7 安装主卧室风管（侧送侧回）时，送回风口应在同一平面上。

2.8 在标高超过 2800mm 的斜屋面安装的侧送下回风机盘管，其送风口需安装 45°（角弯）风管。

2.9 风管制作好后，必须先报验，再采取保温措施并安装。

3 水系统

3.1PP-R 管热熔时，缩径必须小于 3%，安装必须符合厂家的技术要求。

3.2 管道穿墙时必须加套管。De25 和 De32 管道用 PUC70 套管；De40、De50 和 De63 管道用 PUC110 套管；De75 和 De90 管道用 PUC133 套管。

3.3 管道支架在室内用 L30 角钢，面漆为铝粉漆。管道支架在室外用 L40 角钢，面漆为黑漆。

① 依据《通风与空调工程施工质量验收规范》（GB 50243—2016）编制。

3.4 管道支架安装前必须先弹线，支架间距小于 800mm，且在同一平面必须均分，同一区域的支架形式应一致。

3.5 管道井的管道安装要与配合单位协调，避免交错影响。

3.6 管道支架的安装位置距 PP-R 管弯头大于 150mm，小于 300 mm。管道支架安装要正，不得歪斜。

3.7 管道支架的中心必须对准预留、预埋孔洞的中心，管道安装必须横平竖直。

3.8 水管安装完后，必须先冲洗、试压。试验压力为 1MPa，稳压 10min，压力不得下降，再将压力降到 0.6MPa，稳压 60min，压力不得下降，外观检查无渗漏为合格。水管经报验检查合格后才能做保温。

3.9 风机盘管供回水管采用 De25 或 De32 管，管道在截止阀前变径（300mm 以内）。

3.10 冷冻水管最高处必须设置自动排气阀，并用软管就近将冷冻水管接入风机盘管的凝结水盘或者凝结水管内。冷冻水管最低处应设排污阀。

3.11PP-R 管道热熔连接规定

3.11.1 热熔器的选用要适宜，模头完好，工作温度宜在 230~260℃。热熔器达到设定工作温度后方可进行连接操作。

3.11.2 切割管道应使用专用的管剪、钢锯或管道切割机，切割后的断面应除去毛边和毛刺，管道的截断面必须垂直于管轴线。

3.11.3 熔接前，必须除去管材和管件连接端面的污物，保证其清洁、干燥、无油。

3.11.4 热熔时要控制好热熔深度，减少管道缩径率。

3.11.5 熔接弯头或三通时，应注意其方向，可在管件和管材的直线方向上用辅助标志明确方向。

3.11.6 加热时，应无旋转地把管端导入加热套内，插入到规定深度，同时，无旋转地把管件推到加热头上，达到规定深度，加热时间应满足要求。

3.11.7 达到加热时间后，立即把管材与管件从加热套与加热头上同时取下，迅速无旋转地把管材与管件直线均匀插入到规定深度，使接头处形成均匀凸缘。

3.11.8 在规定的加工时间内，刚熔接好的接头还可轻微校正，但严禁旋转。

3.11.9 管道安装时，不得将其轴向扭曲，不宜对其做强制校正。

3.11.10 管道安装时，暂不收头的管口必须封堵严实，避免杂物掉进管内。

4 凝结水管安装

4.1 凝结水管的管径应符合设计要求，安装必须在土建人员做内墙抹灰和防水工作之前完成。

4.2 凝结水管安装时需先弹线（报验），再用切割机砌槽，然后剔打，埋墙深度 15mm。如要在梁上或剪力墙上开槽，必须先报业主及监理同意。

4.3 凝结水管安装必须避开卫生间入户门，距门边、窗边等的距离应大于 200mm。

4.4 凝结水管安装的支架间距应小于 800mm。水管外露部分必须保温（管井除外），安装时软管的长度应在 20~30mm（管口与管口距离）。

4.5 凝结水管安装完后，必须对其进行通水、灌水试验，自检合格后向监理报验。

5 电气安装

5.1 线管卡子横平竖直，间距应小于 600mm，波纹管的长度不能大于 500mm。

5.2 风机盘管的线盒进线管必须从上方配管。

5.3 电线接头必须焊锡（禁止在线管内接头），用绝缘胶布及防水胶带双重包扎。

5.4 电气绝缘必须符合要求。

5.5 风机盘管的档速线应连接正确，不能与零线搞错。

6 保温

6.1 水管保温时，保温管壳与木环接合处必须刷胶水、缠胶带。

6.2 风管保温时，保温胶水应刷均匀，不得有气孔，表面应光滑平整、无污物。板材的拼接必须在风管的上方，拼接缝必须刷胶。

6.3 保温材料不得有脱落、裂缝、损坏等现象，保温胶带要粘接良好、不脱落。

6.4 水管保温时，管壳不能穿过的地方用发泡剂填充。

6.5 管道试压完毕后，应先保温管道井及水管穿墙部位，不能影响土建补灰。

6.6 管道保温完成后，还要在管道上缠薄膜，尽量单根管道缠绕，外观检查应能满足要求。

7 与土建的配合规定

7.1 在墙上、地面开槽打洞，必须经报验同意后才能进行。

7.2 弹线采用粉线包，用石红色颜料，不再使用墨斗。

7.3 不能在墙体上乱划，比如打草稿和做一些不必要的记号。

7.4 若意外弄脏腻脂，要及时用砂纸除去。若意外损坏其他物品，要及时修复或赔偿。

7.5 在墙体上打孔洞要方正、大小合适，必须用錾子适度剔打墙体，严禁用榔头直接敲打。

7.6 未经批准，严禁在剪力墙及梁上钻孔开槽。

7.7 注意保护其他单位的成品，不能弄脏墙面、地面，不能损坏防水、门窗、墙角、窗角等。

7.8 施工现场必须整洁有序，材料堆码整齐，建筑垃圾要及时清理干净，不得随便乱扔，禁止从楼上往下倒垃圾。

7.9 施工中加强与土建人员的配合协调工作，做好场地移交。

8 其他相关规定

8.1 使用电锤时必须限位，限位尺寸为 60mm，避免打穿楼板或屋面。

8.2 进入施工现场必须戴安全帽；高空作业必须要有安全措施；应经常检查电动工具（切割机、台钻等），确保无安全隐患。

8.3 使用材料应综合考虑，提高材料利用率，防止材料被盗或损坏，把材料损耗控制到最低（定额损耗以内）。

8.4 同种户型安装必须一致（以样板房为准），包括设备、供回水管走向与管径、凝结水管走向与管径等的安装位置及方式应基本一致。

8.5 加强管理力度，严格按技术交底内容及相关规范施工，质量监督及安全检查应同步跟进，杜绝质量事故及安全事故的发生。

8.6 现场的所有工作必须以保证工程质量、工期和安全为前提，确保按时优质完成施工任务。

技术负责人： 交底人： 接交人：

附件 17-11 风机、水泵、重设备吊装交底记录①

工程名称　　　　　　　　　　　　　　　　　　　工程编号

交底内容　　风机、水泵、重设备吊装交底　　　　交底日期　　　年　月　日

1 吊装前的检查

1.1 吊装前应明确吊装技术要求和保证安全的技术措施。

1.2 吊装前，应对施工人员进行安全技术交底。

1.3 吊装前，施工人员应了解吊装现场的环境、管线、建构筑物等状况。

1.4 吊装前，应对起重吊装设备、钢丝绳、链条、吊钩、索具等各种机具进行检查，必须保证其安全可靠，不准“带病”使用，发现损坏或松动，应立即调换。应进行起重设备试运转，发现转动不灵或磨损的，应及时修理。

1.5 严禁利用管道、管架、电杆、机电设备等吊装锚点。

2 防止高空坠落安全措施

2.1 吊装人员佩戴安全防护用品。

2.2 吊装工作区域应有明显的安全警示标志，并设警戒线，与吊装无关的人员严禁进入。

2.3 运输、吊装设备时，严禁在被运输、吊装的设备上站人指挥或放置材料、工具，严禁悬吊设备下方站人或有人通过。

2.4 高空作业人员应站在操作平台或轻便梯子上工作。登高用梯子、操作平台应绑扎牢固，梯子与地面夹角在 60°～70° 为宜。

3 防止物体落下伤人安全措施

3.1 吊装设备必须绑扎牢固，起吊点应通过设备重心位置。

3.2 起吊前应进行试吊装，观察吊装设备是否平稳，确认平稳后方可进行下一步吊装。

3.3 起吊时速度不能太快，不得在高空停留过久，严禁猛升猛降，以防设备脱落。

3.4 设备就位临时固定前，不得松钩和解开吊装索具。设备固定后，应检查连接牢固和稳定情况，确认安全可靠时才可拆除临时固定用具和进行下一步吊装。

3.5 作业场所照明应充足。

4 必须严格遵守“十不吊”规定

4.1 指挥信号不明时不吊。

4.2 超负荷或物体重量不明时不吊。

4.3 外拉斜吊重物时不吊。

4.4 光线不足、闪频或作业场所有阴影时不吊。

4.5 重物下站人时不吊。

4.6 重物埋在地下或被吊重物上绑扎牵引绳并与其他管线连接时不吊。

4.7 重物紧固不牢，绳子打死结、不合格，索具不配套时不吊。

4.8 棱刃物体没有衬垫措施时不吊。

---

① 依据《建筑施工起重吊装工程安全技术规范》（JGJ 276—2012）编制。

4.9 重物越过人头时不吊。

4.10 安全装置失灵时不吊。

5 对审批手续不全、安全措施不落实、作业环境不符合安全要求、指挥人员违章指挥的吊装作业，作业人员有权拒绝。

技术负责人：　　　　交底人：　　　　接交人：

附件 17-12 套管制安及预埋交底记录①

工程名称　　　　　　　　　　　　　　　工程编号

交底内容　　套管制安及预埋交底　　　　交底日期　　　年　　月　　日

1 严格按设计施工图纸、会审纪要、工程变更联系单、施工规范及标准图集进行施工。

2 制作套管时，应按土建结构墙或楼板厚度尺寸下料（如套管穿楼板，其应高出楼板净地面 20mm，卫生间或厨房的套管应高出楼板净地面 50mm）。

3 防水套管翼环钢板厚度根据情况不应小于 6~10mm，钢套管与翼环（单边）根据情况不应小于 50~60 mm，必须双面满焊，焊缝饱满均匀，打掉焊渣。

4 柔性套管制安类似防水套管，外墙边增配法兰焊接，并且套管内壁与挡圈电焊固定。

5 套管制作完成后，其内壁和外露砼墙面部分必须涂上 2 道防锈漆，严禁套管外壁刷漆。

6 套管预埋位置准确，周边用钢筋点焊固定，不随意割断钢筋，必要时应请示土建人员同意后方可施工，由土建人员做好焊接加强措施，同时做好套管内封堵措施，防止砼砂浆进入。

7 屋面套管必须做好接地处理，与屋面防雷接地网可靠焊接。

8 套管预埋完成后，应做好临时封堵。

技术负责人：　　　　　　　交底人：　　　　　　　接交人：

① 依据《建筑给水排水及采暖工程施工质量验收规范》（GB 50242—2002）编制。

附件 17-13 火灾自动报警系统配管交底记录[①]

工程名称 工程编号

交底内容 火灾自动报警配管交底 交底日期 年 月 日

1 严格按设计施工图纸、会审纪要及工程变更联系单施工。火灾自动报警系统配管一般执行《建筑电气工程施工质量验收规范》(GB 50303—2015)、《智能建筑工程质量验收规范》(GB 50339—2013)及公司相关技术标准。

2 施工前应编制施工方案和主要材料预算计划，选购设备、材料及配件时应从合格供方名录中选择供方，并签订采购合同。材料进场入库前应有材质证书或合格证件，经检验通过，方可申报验收、入库。

3 电线钢配管敷设的一般要求是当第一批钢筋扎完再敷管。配管时如遇到下列情况，应增加接线盒：①管路长度超过 30m 无弯曲；②管路长度超过 20m，有 1 个弯曲；③管路长度超过 15m，有 2 个弯曲；④管路长度超过 8m，有 3 个弯曲。导管的弯曲处不应有折皱，凹陷裂缝、弯曲程度不应大于管外径的 10%。

4 暗配管弯曲半径大于管外径的 8 倍，地下直埋或砼土内管道弯曲半径为 10 倍管径，明配管弯曲半径为 6 倍管径，并应有防火保护措施。当 2 个接线盒间只有 1 个弯曲时，弯曲半径不应小于管道外径的 4 倍。

5 电线导管埋地或埋砼板、砌墙体时，保护层应大于 30mm。金属软管严禁预埋敷设。

6 管路敷设经过建筑变形缝时，应采取补偿措施，导管跨越变形缝的两侧时应将管道固定，并留有适当余量。

7 钢管敷设采用螺纹连接时，管端丝长不应小于管接长度的 1/2，螺纹宜光滑、无缺损，并涂上导电性防腐脂。连接后用金属钠子固定，其螺纹宜外露 2~3 扣。管口内外应锉平滑、无毛刺，管口及其连接处均应做密封处理。

8 KBG 电线管路连接处的扣压点位置应在连接处中心后，接口缝隙应封堵并及时用胶带纸封包。

9 JDG 电线管路连接处应紧固至螺钉头拧断为止，接口缝隙应封堵并及时用胶带纸封包。

10 电线导管进箱、盒时，盒内外侧应套锁母，各种金属构件、箱、盒的孔严禁用气焊割孔。箱、盒安装紧贴墙面，准确、牢固。暗装接线盒内封堵好，盒内拆除后及时进行清理和防腐处理。

11 黑铁管与接线盒或配件接地跨接可采用圆钢筋跨焊接，双面焊接的长度不应小于圆钢直径的 6 倍，埋地或埋砼中的电管不应用线卡跨接，可采用熔焊跨接。

12 镀锌导管严禁焊接，应套管丝接，连接处应做接地跨接。

13 支架吊杆的直径不小于 6mm。管卡与管线终端、弯头中点、电气器具或箱（盒）边缘距离宜为 150~500mm。吊顶内敷设的管路宜采用单独卡具吊装或用支撑物固定，经装修单位允许，直径 20mm 及以下的钢管可固定在吊杆或主龙骨上。钢管卡间的最大距离参见附表 17-4。

① 依据《建筑电气工程施工质量验收规范》(GB 50303—2015)编制。

附表 17-4 钢管卡间的最大距离

参数		钢管直径 DN/mm						
		15	20	25	32	40	50	65 以上
支架间距 /m	厚壁管	1.5	1.5	2.0	2.0	2.5	2.5	3.5
	薄壁管	1.0	1.0	1.5	1.5	2.0	2.0	

14 暗装电箱、电盒预留洞及预埋电线导管时，需要密切配合土建人员工作并及时做好分项工程质量检验及隐蔽验收记录，不得损坏土建钢筋和模板。施工完毕后及时清理模板上的残留物。

15 电管必须敷设在两层钢筋之间，不得放在底筋下面或面筋之上，尽量远离套管或预留洞。

16 预埋电线导管时与水电人员紧密配合，不能让配管面筋高度超过板厚。

17 地下室底板内配管时，管子底部必须离地 250mm 以上。

技术负责人： 交底人： 接交人：

附件 17–14　电线电缆穿管敷设交底记录[①]

工程名称　　　　　　　　　　　　　　　　　　　工程编号

交底内容　　电线电缆穿管敷设交底　　　　　　　交底日期　　　年　　月　　日

1 严格按设计施工图纸、会审纪要、工程变更联系单施工。电线电缆穿管敷设一般执行《建筑电气工程施工质量验收规范》(GB 50303—2015)、《智能建筑工程质量验收规范》(GB50339—2013)及公司相关技术标准。

2 管内穿线宜在抹灰、粉刷及地坪面上工程完成后进行，穿线前应将管内积水及杂物清除干净。

3 火灾报警器的传输线路应选择不同颜色的绝缘导线，探测器的“+”线应为红色，“–”线应为蓝色，其余线应根据不同用途采用其他颜色，但同一工程中相同用途的导线颜色应一致，接线端子应有标号。

4 电缆穿管敷设时应合理安排，电缆不宜交叉，应防止电缆之间及电缆与其他硬物摩擦。固定电缆时，松紧应适度，多芯电缆的弯曲半径不应小于其外径的 6 倍。

5 管内导线总截面积不应大于管截面积的 40%，或电缆的总截面积不应大于线槽净截面积的 50%。导线穿入箱、盒、槽管口处，应装护圈保护。

6 在顶棚内由接线盒引向设备器具的绝缘导线应采用可挠金属电线保护管或包塑电线软管保护，导线不应有裸露部分。

7 导线的多股铜芯线应先拧紧搪锡或压接端子后再与设备器具连接。

8 同一建筑物内相同相位的电线应采用同一颜色的电线，A——黄色、B——绿色、C——红色、N——淡蓝色、PE——黄绿双色、开关线——白色等其他颜色。多路开关线可用不同颜色加以区分。

技术负责人：　　　　　　　　交底人：　　　　　　　　接交人：

① 依据《建筑电气工程施工质量验收规范》(GB 50303—2015)编制。

附件 17–15 桥架安装及电缆敷设交底记录[①]

工程名称　　　　　　　　　　　　　　　　　　　　工程编号

交底内容　　桥架安装及电缆敷设交底　　　　　　　交底日期　　　年　　月　　日

1 严格按设计施工图纸、会审纪要及工程变更联系单施工。桥架安装及电缆敷设一般执行《建筑电气工程施工质量验收规范》（GB 50303—2015）、《智能建筑工程质量验收规范》（GB 50339—2013）及公司相关技术标准。

2 桥架安装时应因地制宜选择支吊架，桥架上升下降敷设一般以 45° 左右斜度进行，支吊架长度一致，水平安装平整，直线偏差不应超过 5mm。

3 水平段每隔 1.5~2.0m 设置一个支吊架，垂直段每隔 1.0~1.5m 设置一个支吊架，距三通、四通、弯头连接处 0.5m 处应设支吊架。桥架经过建筑物伸缩缝时，应采用桥架伸缩节连接桥架，并用铜线做好跨接。

4 电缆桥架严禁采用电焊气割，应采用机械切割或开孔。

5 桥架的接地跨接处应采用联结片外的 2 个螺栓孔，用 $4mm^2$ 以上裸软铜线做跨接地线，并采用爪形垫片拧紧固定。镀锌桥架或铝质桥架可不设置接地跨接线，但联结片的固定螺栓应至少保证每侧有一个防松装置（弹簧垫片）。

6 桥架首尾两端必须做等电位接地，并有标识。直线段超过 30m 处需增加接地点（与接地主干线连接）。

7 桥架内的电缆敷设，大于 45° 倾斜敷设的电缆每隔 2.0m 设固定点。电缆敷设排列整齐，水平敷设的电缆首尾转弯两侧及每隔 5.0~10.0m 处设固定点，敷设于垂直桥架内的电缆固定点间距不大于 2.0m。

技术负责人：　　　　　　　　交底人：　　　　　　　　接交人：

① 依据《建筑电气工程施工质量验收规范》（GB 50303—2015）编制。

附件 17–16 绝缘及接地电阻测试交底记录[①]

工程名称　　　　　　　　　　　　　　　　　　　　工程编号

交底内容　　绝缘及接地电阻测试交底　　　　　　交底日期　　　年　　月　　日

1 严格按设计施工图纸、会审纪要及工程变更联系单施工。绝缘及接地电阻测试一般执行《建筑电气工程施工质量验收规范》（GB 50303—2015）、《智能建筑工程质量验收规范》（GB 50339—2013）及公司相关技术标准。

2 用于绝缘及接地电阻测试的仪表必须计量检定合格，且为在检定合格期内的有效仪表，一人测试、一人记录。

3 接地装置施工完毕后，应测量接地电阻。接地电阻测试需在连续天晴三日后方可进行，接地桩取点位置应符合要求，接地电阻不应大于 1Ω。

4 线间绝缘电阻不应小于 0.5MΩ，消防报警系统线路对地绝缘电阻不应低于 20MΩ，注意不能带着消防设备进行摇测，摇动速度应保持在 120r/min 左右，读数时采用 1min 后的读数为宜。

5 电线电缆绝缘及接地电阻测试后应及时做好记录。

技术负责人：　　　　　　　　交底人：　　　　　　　　接交人：

① 依据《建筑电气工程施工质量验收规范》（GB 50303—2015）编制。

附件 17–17　报警设备、探测器安装交底记录①

工程名称　　　　　　　　　　　　　　　　　　工程编号

交底内容　　报警设备、探测器安装交底　　　交底日期　　　年　　月　　日

1 严格按设计施工图纸、会审纪要及工程变更联系单施工。报警设备、探测器安装一般执行《建筑电气工程施工质量验收规范》(GB 50303—2015)、《智能建筑工程质量验收规范》(GB 50339—2013)及公司相关技术标准。

2 消防报警总控主机应安装于消控室内，距墙周圈 600～800mm。

3 点型烟感探测器安装要求：宜水平安装，斜装时角度不应大于 45°，距墙壁、梁边不应小于 0.5m，距空调送风口 1.5m，在水平空间安装时宜居中布置；感温探测器的安装间距不应超过 10.0m，感烟探测器的安装间距不应超过 15.0m。

4 线型火灾探测器的安装要求：红外光束感烟探测器的水平距离一般不应大于 18.0m，距侧墙不应大于 7.0m，且不应小于 0.5m。

5 探测器底座安装牢固，采用不少于 2 个螺丝固定，安装后做好成品保护。

6 手动报警按钮应设置在明显和便于操作的部位。按钮安装在墙上时距地面高度宜为 1.3～1.5m，且应有明显的标志，并应安装牢固，不得倾斜。

7 消防模块应安装于模块箱内，采用明装时，宜低于装修吊顶 10.0～20.0mm，一般可安装于被控设备边或吊顶上面。

8 火灾显示盘安装必须牢固，一般盘底边距地面 1.3～1.5m。

9 在墙上安装火灾报警控制器时，其底边距地面高度不应小于 1.5m，其靠近门轴的侧面距墙不应小于 0.5m，正面操作距离不应小于 1.2m。落地安装时，其底宜高出地坪 0.1～0.2m。控制器应安装牢固，不得倾斜。

技术负责人：　　　　　　　　交底人：　　　　　　　　接交人：

① 依据《火灾自动报警系统施工及验收规范》(GB 50166—2007)编制。

附件 17–18　报警设备联动调试交底记录[①]

工程名称　　　　　　　　　　　　　　　　　　工程编号
交底内容　　报警设备联动调试交底　　　　　　交底日期　　年　　月　　日

1 自动报警系统经设备及各探测器等线路测试检查合格后，进行通电试运行。

2 火灾报警系统安装完毕后，一般分两步调试：①前端报警设备调试；②联动设备调试。在设备调试前，报警主机应通电运行，工作正常。

3 按下列步骤进行报警设备的调试：①对报警线路进行绝缘测试；②分楼层、片区或回路进行通电调试；③根据平面图对报警设备进行逐个对照、调试。

4 火灾自动报警系统通电后，应按现行的国家标准有关要求对报警控制器进行下列功能检查：①火灾报警自检功能；②消音复位功能；③故障报警功能；④火灾优先功能；⑤报警记忆功能；⑥电源自动转换和备用电源的自动充电功能；⑦探测器（手动按钮）功能的抽检，抽查安装数量 5%~10% 的探测器，但不得少于 10 只；⑧火灾自动报警系统连续运行 120 小时无故障。检查后按规范填写调试报告。

5 联合设备调试分单机调试、各单位工程调试及联合调试：①单机调试，分别进行各分部系统单机试运行，保证其工作正常；②接口衔接，分别将控制模块接口与联动设备接口相连，保证接线无误；③对联动设备逐个进行点动控制试验，保证设备能正常控制；④对报警主机进行联动编程，编程无误后，进行联动测试。

技术负责人：　　　　　　　　交底人：　　　　　　　　接交人：

① 依据《火灾自动报警系统施工及验收规范》（GB 50166—2007）编制。

附件 17–19　消防给水管道安装交底记录[①]

工程名称　　　　　　　　　　　　　　　　　　　　工程编号

交底内容　　消防给水管道安装交底　　　　　　　　交底日期　　　年　　月　　日

1 严格按设计、施工图纸、会审纪要及工程变更联系单施工。消防给水管道安装一般执行《建筑给水排水及采暖工程施工及验收规范》（GB 50242—2002）和公司相关技术标准。

2 施工前应编制施工方案和主要材料预算计划，选购设备、材料时需从合格供方名录内选择供方，设备、材料经检验符合设计及规范要求后方可进入现场。

3 阀门进场入库安装前，应做强度和严密性试验。每批同牌号、同型号、同规格阀门抽查 10%，且抽查不少于 1 个；用于主管道的阀门应逐个试验，合格后才可安装。

4 消防给水管道丝扣连接，丝扣处内外麻丝应清除，外露丝扣应防腐。

5 消防给水无缝管道焊接，管壁 3mm 处应留坡口，对口不应错位，焊缝饱满均匀，焊口不应有夹渣、起孔、弯曲。消防给水镀锌管道严禁焊接。

6 消防给水管道法兰连接，法兰的承压标准应与管道工作压力相匹配。法兰密封应采用石棉或高压橡胶垫，密封厚度为 3~5mm。法兰螺栓拧紧后，螺栓应凸出螺母 2~3 个螺纹或螺杆直径的 1/2，且螺栓方向一致。

7 消防给水管道的安装，支托架采用门字形为妥。支托架安装前应防腐、防锈漆二度，金属膨胀螺丝固定在梁底以上 1/3 梁高处或梁底 100mm 以上。支吊架间距按附表 17-5 取值。镀锌管道与碳钢支托架接触处应有非金属隔垫。

附表 17–5　管道支架或吊架之间的最大间距

公称直径 /mm	间距 /m		
	保温管	不保温管	沟槽式管道连接
25	2.5	3.5	
32	2.5	4.0	
40	3.0	4.5	
50	3.0	5.0	
70	4.0	6.0	3.5
80	4.0	6.0	3.5
100	4.5	6.5	3.5
125	6.0	7.0	4.2
150	7.0	8.0	4.2

① 依据《建筑给水排水及采暖工程施工质量验收规范》（GB 50242—2002）编制。

续 表

公称直径 /mm	间距 /m		
	保温管	不保温管	沟槽式管道连接
200	7.0	9.5	4.2
250	8.0	11.0	5.0
300	8.5	12.0	5.0

8 消防管道安装完毕，按设计或规范要求做好管道及设备标识。

技术负责人：　　交底人：　　接交人：

附件 17-20 消火栓系统试压、冲洗试验交底记录[①]

工程名称　　　　　　　　　　　　　　　　　　工程编号

交底内容　　消火栓系统试压、冲洗试验交底　　交底日期　　　年　　月　　日

1 试压、冲洗程序严格执行《建筑给水排水及采暖工程施工质量验收规范》（GB 50242—2002）和公司相关技术标准。

2 消防给水管道系统试验压力均为工作压力的 1.5 倍，并不得小于 0.6MPa。压力应先缓慢升至试验压力，观察 10min，压力降数值不大于 0.02MPa 为试验合格，然后压力再降至工作压力检查，检查期间压力应保持不变，系统接口无渗漏现象为试验合格，同时做好记录。

3 消防给水管道系统试压时，采用电动或手动试压泵，选用 2 块计量合格的、量程适中的压力表，试压泵后安装 1 块，管道系统末端安装 1 块。

4 消防给水系统交付使用前，必须进行冲洗通水试验直至进水与出水色质一致为止，同时做好记录。

5 消防给水管道如需全部或局部暗装隐蔽，应先在管道试压合格并验收后方可隐蔽，同时做好记录。

技术负责人：　　　　　　　　交底人：　　　　　　　　接交人：

① 依据《建筑给水排水及采暖工程施工质量验收规范》（GB 50242—2002）编制。

附件 17-21 室内消火栓系统安装交底记录①

工程名称　　　　　　　　　　　　　　　　　　工程编号
交底内容　　室内消火栓系统安装交底　　　　　交底日期　　年　月　日

1 严格按设计施工图纸、会审纪要及工程变更联系单施工。室内消火栓系统安装一般执行《建筑给水排水及采暖工程施工质量验收规范》（GB 50242—2002）和公司相关技术标准。

2 消火栓箱体安装应垂直，允许偏差 3mm，将其固定在墙内时，四周间隙应用砂浆塞实，明装应采用 4 只膨胀螺栓将其固定牢固。

3 栓口中心距地面 1.1m，允许偏差 ±20mm。

4 栓口应朝外，并安装在开门侧。

5 安装消火栓水龙带，水龙带与水栓和快速接头应采用 14# 铜丝或不锈钢丝绑扎三圈二道，水龙带牢固后应按箱内挂钉或托盘位置将其放好。

6 栓口应高出铝合金门框 20mm。

7 阀门中心距箱侧面 140mm，距箱后内表面 100mm，允许偏差 ±5mm。

8 消防管道进箱处孔洞需用白铁皮修补，并用与箱体相同的颜色涂刷。

9 室内消火栓系统安装完成后，应取屋顶层一处和首层两处做试射试验，达到设计要求为合格，同时做好记录。

注：1 建筑高度在 24m 以下的，充实水柱长度一般不小于 7m。
　　2 高度超过 24m、不超过 100m 的高层建筑，充实水柱长度不应小于 10m。
　　3 高度超过 100m 的高层民用建筑，充实水柱长度不应小于 13m。
　　4 充实水柱长度根据所承担工程的实际建筑高度选择。

技术负责人：　　　　　　　　交底人：　　　　　　　　接交人：

① 依据《建筑给水排水及采暖工程施工质量验收规范》（GB 50242—2002）编制。

附件 17-22 消防给水设备安装交底记录①

工程名称 工程编号

交底内容 消防给水设备安装交底 交底日期 年 月 日

1 水泵就位前要进行基础砼强度、坐标、标高尺寸和螺栓孔位置复查验收，其必须符合设计图纸要求，同时做好基础验收记录。

2 稳压设备安装的允许偏差为坐标 15mm、标高 ±5mm、垂直度 5mm/m。设备底座应垫橡胶隔振垫，同时做好记录。

3 卧式泵体水平安装，允许偏差不大于 0.1mm/m，立式泵体垂直安装允许偏差不大于 0.1mm/m。泵座应设减振装置。

4 水泵单体试运转，应连续运转不少于 2h，无异常振动和声响，轴温不超过 70℃，填料泄漏量不得大于 30~60mL/h，同时做好记录。

5 吸水管偏心大小头应上平下斜，采用具有可靠锁定装置的蝶阀。

6 喷淋泵进水管应设置过滤器，消火栓泵进水管可设置过滤器。

7 水泵进水管、出水管上的软接头应安装在水平管段上。

8 水泵试水管应接回水池。

9 压力表安装应包含根部阀、减振弯、旋塞阀。

10 应确保水泵外壳接地良好。

技术负责人： 交底人： 接交人：

① 依据《建筑给水排水及采暖工程施工质量验收规范》（GB 50242—2002）编制。

附件 17–23 自动喷淋管道安装交底记录①

工程名称　　　　　　　　　　　　　　　　　　　　工程编号
交底内容　　自动喷淋管道安装交底　　　　　　　　交底日期　　　年　　月　　日

1 严格按设计图纸、施工图纸、会审纪要及工程变更联系单，对照《自动喷水灭火系统施工及验收规范》（GB 50261—2017）和公司相关技术标准施工。

2 管材、管件供方从合格供方名录中选取，管材、管件材质要符合要求，验收合格后进库房。

3 消防喷淋管道丝扣连接处内外麻丝应清除干净，外露丝扣应防腐。

4 无缝管管壁厚在 3mm 以上，应打坡口，对口不应错位，焊缝饱满均匀，焊口不应有夹渣、起孔、弯曲。镀锌管道严禁焊接。

5 法兰的承压标准应与管道工作压力相匹配，法兰密封应采用石棉或高压橡胶垫，其厚度为 3~5mm，法兰螺栓拧紧后，螺栓应凸出螺母长度 2~3 牙或螺杆直径的 1/2。

6 沟槽式管接头的沟槽必须采用专门的滚槽机加工成型，沟槽接头及配件应由厂家配套供应，沟槽式连接管道宜按公称直径先大后小的顺序安装。

7 制作支吊架时，材质焊接应符合要求，支吊架结构采用 L 形或门字形为妥。支吊架安装前应刷防腐、防锈漆二度，面漆一度。金属膨胀螺丝固定在梁底高度的 1/3 处或梁底 100mm 以上。支吊架间距按附表 17-6 取值。

附表 17–6 管道支架或吊架的最大间距

公称直径 /mm	间距 /m		
	保温管	不保温管	沟槽式连接管道
25	2.5	3.5	
32	2.5	4.0	
40	3.0	4.5	
50	3.0	5.0	
70	4.0	6.0	3.5
80	4.0	6.0	3.5
100	4.5	6.5	3.5
125	6.0	7.0	4.2
150	7.0	8.0	4.2
200	7.0	9.5	4.2

① 依据《自动喷水灭火系统施工及验收规范》（GB 50261—2017）编制。

续 表

公称直径 /mm	间距 /m		
	保温管	不保温管	沟槽式连接管道
250	8.0	11.0	5.0
300	8.5	12.0	5.0

镀锌管道与碳钢支吊架接触处应采用非金属隔垫隔离，以防止电化学腐蚀。喷淋管道系统安装完毕应做好标识。

技术负责人： 交底人： 接交人：

附件 17-24 消防水泵接合器安装交底记录[①]

工程名称　　　　　　　　　　　　　　　　　　　　　　工程编号
交底内容　　消防水泵接合器安装交底　　　　　　　　　交底日期　　　年　　月　　日

1 水泵接合器的规格及进水管位置应与设计施工图纸相符。

2 地上式消防水泵接合器应采用标有“消防水泵接合器”的铸铁井盖，并在附近设置指示其位置的永久性固定标志“喷淋系统或消火栓系统”。

3 地下式消防水泵接合器的安装，其进水口与井盖底面的距离≤400mm，且不应小于井盖的半径，并应有明显标志。

4 墙壁式消防接合器的安装，距地高度宜为 0.7m，与墙上门、窗、孔洞的净距离≥2m，且不应安装在玻璃幕墙下方。

5 水泵接合器应设在室外便于消防车使用的地点，距室外消火栓或消防水池的距离宜为 15~40m。

技术负责人：　　　　　　　交底人：　　　　　　　接交人：

① 依据《建筑给水排水及采暖工程施工质量验收规范》（GB 50242—2002）编制。

附件 17-25　开工前安全技术交底记录[①]

工程名称　　　　　　　　　　　　　　　　　　工程编号

交底内容　　开工前安全技术交底　　　　　　交底日期　　　年　　月　　日

1 工程项目必须按照安全生产标准化工地的要求布置和管理现场。

2 施工人员进入现场后，必须严格遵守施工现场总包及公司制定的各项安全生产规章制度，并相互监督，对“六大纪律”“十个不准”的内容必须了解并严格执行。

3 分部、分项工程施工前，现场项目技术负责人要做好安全技术交底及书面记录，双方签名，建立台账。班组长每天上班前对班组人员做好班前教育，建立班前教育台账。

4 电工、电焊工等特殊工种人员必须持有效证件上岗。

5 进入施工现场必须戴好安全帽，严禁穿高跟鞋、硬底鞋作业，严禁酒后上班。

6 服从公司安全监督部门的监督，对查出的事故隐患必须及时认真做好整改工作，施工班组必须每天自查，项目部每周进行一次安全大检查，并做好记录。

7 发生工伤事故后应及时上报，不得隐瞒；发生重大伤亡事故时，应保护好事故现场，事故调查及处理按有关规定执行。

8 施工中使用氧气、乙炔、油漆等，应注意远离明火，保持安全距离。按公司有关规定使用、存放、保管氧气、乙炔、油漆等。

9 施工电线应架空，不得随地拖放，不准将橡胶线绑扎在钢管和钢筋等金属构件上，如必须绑扎，应用绝缘材料隔开，防止触电事故的发生。所有电动工具电线严禁用护套线或单芯 BV 线。临时线路必须用橡胶线。在潮湿环境中，施工照明电源电压不应大于 36V，在特别潮湿环境中或金属容器内，施工照明电源电压不应大于 12V。

10 施工用电动力和照明的漏电保护器必须分开，做到一机一闸一箱一保护，移动电箱应装有漏电保护器，做到有门有锁、接地可靠、专人管理。

11 施工人员在脚手片、楼板、架子上行走时应特别注意其安全性、牢固性，在确认安全之后方可行走。移动式平台必须符合《建筑施工高处作业安全技术规范》（JGJ 80—2016）的要求，四周应设栏杆和登高扶梯。

12 进行电焊作业时必须配有 ABC 干粉灭火器，同时注意易燃易爆品的隔离，电焊机应设防雨罩，严禁雨天露天作业，并做好动火审批手续。

13 施工人员离开现场时，应切断电源，锁好电箱，收管好用电器具，做好各种设备的防护工作。

14 一切施工用电动机具使用前应检查保护接地是否可靠。

15 上岗前未通过三级安全教育及无上岗有效证件者不能进行施工作业。

16 如有“三违”现象发生，违规人员除重新接受相应的三级安全教育外，还要按照公司安全生产管理制度对其进行处罚。

项目技术负责人签名：　　　　　　　　接受交底负责人签名：

项目专职安全员签名：　　　　　　　　接受交底施工人员签名：

① 由浙江快达建设安装工程集团有限公司依据《施工现场管理标准》编制。

附件 17–26 管道工安全技术交底记录[①]

工程名称 工程编号

交底内容 管道工安全技术交底 交底日期 年 月 日

1 开始工作前，检查操作环境是否符合安全要求，劳保用品是否完好适用，如发现危及安全工作的因素，应立即向项目专职安全员或施工负责人报告，清除不安全因素后，才能工作。

2 施工时宜避免多层同时施工，如必须进行多层作业，应在场所中间层设置安全隔板或安全网，在下面工作的人员必须戴好安全帽。

3 进入施工现场必须戴好安全帽，扣好帽带，并正确使用个人劳动防护用品，不得穿硬底鞋、拖鞋和高跟鞋进入作业现场。

4 进行 2m 及以上的高空、悬空作业应采取必要的安全设施，必须系好安全带，扣好保险钩。

5 高空作业时，不得往下或往上乱抛材料和工具等物件。

6 各种电动机械设备必须有漏电保护器及有效的安全接地装置，才能开动使用。

7 严禁不懂电气和机械的人员使用机电设备。

8 吊装区域严禁非操作人员入内，吊装机械必须完好，扒杆垂直下方严禁站人。

9 高空作业的平台、踏板等处不得堆放下脚料，大型的机具材料应放置在安全的地方。

10 使用的跳板、脚手架等应用铁丝绑扎牢固，不得有探头板。跳板或脚手架上堆放的物件不得超负荷。

11 高空作业人员应经常体检，酗酒、精神不正常、高血压及不适合高空作业者不得高空作业。

12 不得搭乘吊装物或吊盘垂直升降和进行高空位移。

13 在金属容器内或黑暗潮湿的场所中工作时，所用照明灯电压应为 12V；环境干燥时，照明灯电压不得超过 24V。

14 搬运吊装管子时，管子不得与裸露的电线碰撞。多根管子吊装时，绳扣必须捆扎两个吊点。单根管子人工垂直搬运时，管子应用麻绳捆成多环缠结。

15 在平滑地面登梯作业时，梯脚应有防滑措施，梯子与地面倾角宜为 60°~70°，梯子上端作业人员的安全带应绑扎在牢固的地方，下面应有人监护。

16 在有毒性、刺激性或腐蚀性的气体、液体或粉尘的场所工作时，应编制专门的防护措施并落实后方可进行作业。

17 凡在有易爆、易燃物质的地点施工，操作应按专门的防护规定进行。

18 凡参与管道施工的电焊工、气焊工、起重吊车司机和现场叉车司机，必须经过当地建设部门安全培训，考试合格后方可参与施工。

项目技术负责人签名： 接受交底负责人签名：

项目专职安全员签名： 接受交底施工人员签名：

① 依据《建筑安装工人安全技术操作规程》（〔80〕建工劳字第 24 号）编制。

附件 17-27 管道施工安全技术交底记录[①]

工程名称　　　　　　　　　　　　　　　　　　工程编号
交底内容　　管道施工安全技术交底　　　　　　交底日期　　年　　月　　日

1 扳手的开口尺寸应与螺栓、螺母尺寸相符合。管子钳的开口尺寸应与管子、管件的尺寸相符合。操作时应双手扶持，一手握手柄，一手握钳头。手柄不得套管子加长。

2 使用手锤时不得戴手套。锤柄、锤头部位不得有油污，防止打滑。锤头与锤柄连接牢固可靠。挥锤时四周不得有障碍，人员应避让。

3 管子被夹于台钳或套丝机上，除本身应夹紧外，较长一侧管子应有支撑，使管子保持水平状态。

4 切断管子时，速度不得太快，快被切断跌落的管子，应将其托住，防止坠落伤人。

5 管子套丝时，人工套丝应防止扳把旋转打伤人或铰板未咬上口跌落伤人。机械套丝不得戴手套操作，防止手被卷入。

6 所使用的工具及设备必须性能良好，安全装置可靠，电动设备应有可靠的接地，电动工具必须装有触电保护器。

7 电动工具或设备应在空载情况下启动，操作人员应戴上绝缘手套，如在金属工作台上操作，应穿上绝缘胶鞋或在工作台上铺设绝缘垫板。电动工具或设备发生故障时应及时进行修理。

8 拧紧螺栓时应使用合适的扳手，扳手不得代替锤子，应对角拧螺栓。

9 操作电动旋转的弯管模，在机械停止转动前，不得调整其部件。

10 采用高速砂轮片割管时，必须先夹紧管子，砂轮片往下压时，应缓慢而均匀，同时人不能面对砂轮片，并应戴防护眼镜，砂轮上应设置防护罩。

11 采用气焊煨弯管道，应由持证上岗作业人员进行。氧气瓶与乙炔瓶应间隔 5m 直立摆放。动火现场应配备消防灭火器具。

12 电动弯管时，应注意检查液压机液压软管是否完好，防止爆裂。操作时手和衣服不得接近旋转轴。脱下弯管模具时，锤击不宜过重，防止脱模时伤人。

13 气焊、电焊作业时，应先清除作业区的易燃物品，并防止火星溅落于缝隙留下火种。配合气焊、电焊作业时应戴防护镜或面罩。

14 在砖墙、楼板上打洞时，应戴防护镜。快打穿时应通知隔墙或楼下人员，防止击穿时石块伤人。

15 人力搬运管子、阀门等时，轻装轻卸、动作一致、互相照应。起吊重物前应先认真检查吊具、绳索是否可靠。起吊重物下不准站人。

16 架空管道未正式固定前，应临时性绑扎或卡定，防止滚动、滑落。

17 管道安装前应检查和清理管道内杂物。管道施工中途停工时，应临时封堵管子敞口，防止杂物进入管内。

18 阀门安装后，应关闭严密。试压时可打开，试压后仍关闭，待调试或试运行时再开启调

---

① 依据《建筑安装工人安全技术操作规程》（原〔80〕建工劳字第 24 号）编制。

节流量。

19 水压试验前，应检查一遍管线，有不符合设计要求的立即修正，临时封堵应有足够的强度，阀件应开启到最大，孔板、调压阀、温度计等应拆除。

20 水压试验时，升压应缓慢，沿程管线应有专人巡视，压力在 0.3MPa 以下允许紧螺栓和用手锤检查焊缝。在法兰、盲板等处，人员应避开结合口。严禁带压检修，必须放压泄水后方可进行修理工作。

21 冬季进行水压试验应有防冻措施，试压后泄尽存水。

22 蒸汽吹洗时，吹洗阀应缓缓打开，吹洗距离内用围绳围起，严禁人员进入。

项目技术负责人签名：　　　　　　　　接受交底负责人签名：

项目专职安全员签名：　　　　　　　　接受交底施工人员签名：

附件 17-28　电钻、电锤安全操作交底记录[①]

工程名称　　　　　　　　　　　　　　　　　　工程编号

交底内容　　电钻、电锤安全操作交底　　　　　交底日期　　年　　月　　日

1 作业前的检查

1.1 外壳、手柄不出现裂缝、破损。

1.2 电源线及插头等完好，开关动作正常，保护接零连接正确，牢固可靠。

1.3 各部位防护罩齐全牢固，电气保护装置可靠。

2 机具启动后，应空载运转，应检查并确认机具联动灵活无阻。作业时，加力应平稳，不得用力过猛。

3 作业时应掌握电钻或电锤手柄，打孔时先将钻头抵在工作材料表面，然后开动，用力适度，避免晃动。若转速急剧下降，应减少用力，防止电机过载，严禁用木杠加压。

4 钻孔时，应注意避开混凝土中的钢筋。

5 电钻和电锤为 40% 断续工作制，不得长时间连续使用。

6 作业孔径在 25mm 以上时，应有稳固的作业平台，周围应设护栏。

7 严禁超载使用。作业中应注意机具音响及温升，发现异常立即停机检查。作业时间过长，机具温升超过 60℃时，应停机待自然冷却后再进行作业。

8 作业中不得用手触摸刃具、模具和砂轮，发现其有磨钝、破损情况时，应立即停机修整或更换，然后再继续进行作业。

9 机具转动时，不得撒手不管。

项目技术负责人签名：　　　　　　　　　接受交底负责人签名：

项目专职安全员签名：　　　　　　　　　接受交底施工人员签名：

① 依据《建筑安装工人安全技术操作规程》（原〔80〕建工劳字第 24 号）编制。

附件 17-29　手持电动工具安全操作交底记录[①]

工程名称　　　　　　　　　　　　　　　工程编号
交底内容　　手持电动工具安全操作交底　　交底日期　　年　　月　　日

1 使用刃具的机具，刃磨应锋利，刃具完好无损、安装正确、牢固可靠。

2 使用砂轮的机具，应检查砂轮与接盘间的软垫并安装稳固，螺帽不得过紧，凡受潮、变形、裂纹、破碎、磕边缺口或接触过油、碱类的砂轮均不得使用，并不得将受潮的砂轮片自行烘干使用。

3 在潮湿地区或在金属构架、压力容器、管道等导电良好的场所作业时，必须使用双重绝缘或加强绝缘的电动工具。

4 非金属壳体的电动机、电器，在存放和使用时不应受压、受潮，并不得接触汽油等溶剂。

5 作业前的检查

5.1 外壳、手柄不出现裂缝、破损。

5.2 电源线及插头等完好，开关动作正常，保护接零连接正确、牢固、可靠。

5.3 各部位防护罩齐全牢固，电气保护装置可靠。

6 机具启动后，应空载运转，检查并确认机具联动灵活无阻。作业时，加力应平稳，不得用力过猛。

7 严禁超载使用。作业中应注意机具音响及温升，发现异常立即停机检查。在作业时间过长，机具温升超过 60℃时，应停机自然冷却后再进行作业。

8 作业中，不得用手触摸刃具、模具和砂轮，发现其有磨钝、破损情况时，应立即停机修整或更换，然后再继续进行作业。

9 机具转动时，不得撒手不管。

项目技术负责人签名：　　　　　　　　接受交底负责人签名：
项目专职安全员签名：　　　　　　　　接受交底施工人员签名：

① 依据《建筑安装工人安全技术操作规程》（原〔80〕建工劳字第 24 号）编制。

附件 17-30　套丝机安全操作技术交底记录[①]

工程名称　　　　　　　　　　　　　　　　　　　　工程编号
交底内容　　套丝机安全操作技术交底　　　　　　　交底日期　　　　年　　月　　日

1 套丝切管机械上的电源电动机、手持式电动工具及液压装置的使用应执行《建筑机械使用安全技术规程》（JGJ 33—2012）的相关规定。

2 套丝切管机械上的刃具、胎、模具等的强度和精度应符合要求，刃磨锋利，安装稳固、可靠。

3 套丝切管机械上的传动部分应设有防护罩，作业时，严禁拆卸。

4 套丝切管机械应安放在稳固的基础上。

5 应先空载运转，检查、调整，确认运转正常后，方可作业。

6 应按加工管径选用板牙头和板牙，板牙应按顺序放入，作业时应采用润滑油润滑板牙。

7 当工件伸出卡盘端面的长度过长时，工作后部应加装辅助托架，并调整好其高度。

8 切断作业时，不得在旋转手柄上加长力臂。切平管端时，不得进刀过快。

9 当加工件的管径或椭圆度较大时，应两次进刀。

10 作业中应采用刷子清除切屑，不得敲打震落。

11 作业时，非操作和辅助人员不得在机械四周停留观看。

12 作业后，应切断电源，锁好电闸箱，并做好机械日常保养工作。

项目技术负责人签名：　　　　　　　　　　接受交底负责人签名：
项目专职安全员签名：　　　　　　　　　　接受交底施工人员签名：

① 依据《建筑安装工人安全技术操作规程》（原〔80〕建工劳字第24号）编制。

附件 17–31 交流电焊机安全操作交底记录①

工程名称　　　　　　　　　　　　　　　　　　　　工程编号
交底内容　　交流电焊机安全操作交底　　　　　　　交底日期　　　年　　月　　日

1 焊接操作及配合人员必须按规定穿戴劳动防护用品，必须采取防止触电、高空坠落、瓦斯中毒和火灾等事故的安全措施。

2 现场使用的电焊机，应设有防雨、防潮、防晒棚，并应装设相应的消防器材。

3 高空焊接或切割时，必须系好安全带，焊接周围和下方应采取防火措施，并应有专人监护。

4 焊接受压容器、密封容器、油桶、管道、沾有可燃气体和溶液的工件时，应先消除容器及管道内压力，消除可燃气体和溶液，然后冲洗有毒、有害、易燃物质。对存有残余油脂的容器，应先用蒸汽、碱水冲洗，并打开盖口，确认容器清洗干净后，再灌满清水方可进行焊接。在容器内焊接应采取防止触电、中毒和窒息的措施。焊、割密封容器内应留出气孔，必要时在进、出气口处装设通风设备；容器内照明电压不得超过 12V，焊工与焊件间应绝缘；容器外应设专人监护。严禁在已喷涂过油漆和塑料的容器内焊接。

5 对承压状态下的压力容器与管道，带电设备，承载结构的受力部位，以及装有易燃、易爆物品的容器严禁进行焊接和切割。

6 焊接铜、铝、锌、锡等有色金属时，应通风良好，焊接人员应戴防毒面罩、呼吸滤清器或采取其他防毒措施。

7 当消除焊缝焊渣时，应戴防护眼镜，头部应避开敲击焊渣飞溅方向。

8 雨天不得在露天电焊。在潮湿地带作业时，操作人员应站在铺有绝缘物品的地方，并应穿绝缘鞋。

9 使用交流电焊机前，应检查并确认初、次级线接线正确，输入电压符合电焊机的铭牌规定。接通电源后，严禁接触初级线路的带电部分。

10 次级抽头连接铜板应压紧，接线柱应有垫圈。合闸前，应仔细检查接线螺帽、螺栓及其他部件，确认其完好齐全，无松动或损坏。

11 多台电焊机集中使用时，应分接在三相电源网络上，使三相负载平衡。多台焊机的接地装置应分别由接地极处引接，不得串联。

12 电焊机电源控制应实施一机一闸一漏保，确保用电安全。

13 移动电焊机时应切断电源，不得用拖拉电缆的方法移动焊机。焊接中突然停电时，应立即切断电源。

14 必须按保养手册进行电焊机日常维护保养，维护保养时必须禁水作业。

项目技术负责人签名：　　　　　　　　　　接受交底负责人签名：
项目专职安全员签名：　　　　　　　　　　接受交底施工人员签名：

① 依据《建筑安装工人安全技术操作规程》（原〔80〕建工劳字第 24 号）编制。

附件 17-32　气焊设备安全操作交底记录[①]

工程名称　　　　　　　　　　　　　　　　　工程编号

交底内容　　气焊设备安全操作交底　　　　　交底日期　　　年　　月　　日

1 乙炔瓶与氧气瓶要间隔 5m 放置，严禁用明火检验其是否漏气。

2 乙炔瓶与氧气瓶受热不得超过 35℃，防止火花或锋利物件碰撞胶管。点火及关闭时，应按照“先开乙炔，先关乙炔”的顺序作业。

3 所有的瓶及工具表面严禁沾污物、油脂。

4 乙炔瓶与氧气瓶应距明火或电焊处 10m 远。

5 乙炔瓶与氧气瓶应设有防震胶圈，并旋紧安全帽，避免震动、碰撞。在炎热地区，应设专棚，防止日光对其直接照射。

6 点火时，焊枪不得对人，不得随意乱放正在燃烧的焊枪。

7 施焊时，场地应通风良好。施焊施割完毕应将瓶阀关好，拧紧安全罩。

8 胶管应定期检查，发现漏气，立即更换。

9 开启氧气瓶阀门时，操作人员不得面对减压器出气口，应用专用工具。安装减压器时，应首先检查氧气瓶阀门，接头不得有油脂，并略开阀门清除污垢，然后安装减压器。开启动作要缓慢，压力表指针应灵敏，读数正常。关闭氧气阀门时，必须先松开减压器的活门螺丝。氧气瓶中的氧气不得全部用尽，必须保持不小于 49kPa 的压强。

10 严禁使用无减压器的氧气瓶作业。

11 作业中，如发现氧气瓶阀门失灵或损坏不能关闭时，应待瓶内的氧气自动逸尽后，再拆装修理。

12 检查瓶口是否漏气时，应使用肥皂水涂在瓶口上观察，不得用明火试。冬季阀门被冻结时，可用温水或蒸汽加热解冻，严禁用火烤。

13 储存和使用乙炔瓶时，必须直立放置，并采取防止倾斜措施。严禁将其与氧气瓶或其他易燃易爆物品同间储存。储存间应有专人管理，并设醒目标识。

14 装卸、运送乙炔瓶的动作要轻，不得抛、滚、碰撞。严禁剧烈震动和撞击。汽车运输乙炔瓶时，气瓶宜横向放置，头向一方。直立放置时，车厢高度不得低于瓶高的 2/3。

15 乙炔瓶应装专用减压器，减压器与瓶阀的连接应可靠，不得漏气。

16 乙炔瓶内气体不得用尽，必须保留不小于 98kPa 的压强。

17 严禁铜、银、汞等及其制品与乙炔接触。

18 不同气体的减压器严禁混用。

19 减压器出口接头与胶管扎紧。

20 减压器冻结时应采用热水或蒸汽加热解冻，严禁用火烤。

21 焊炬和割炬使用规定

21.1 使用前必须检查射吸情况，射吸不正常应修理，正常后方可使用。

---

① 依据《建筑安装工人安全技术操作规程》（原〔80〕建工劳字第 24 号）编制。

21.2 点火前，应检查连接处和各气阀的严密性，连接器和气阀不得露气，焊嘴、割嘴不得露气、堵塞。使用过程中，如发现焊炬、割炬气体通路和气阀有露气现象，应立即停止作业，修好后方可使用。

21.3 严禁在氧气及乙炔瓶阀门同时开启时用手或其他物体堵住焊嘴或割嘴。

21.4 焊嘴或割嘴不得过分受热，温度过高时，应放入水中进行冷却。

21.5 焊炬、割炬的气体通路均不得沾有油脂。

22 橡胶软管使用规定

22.1 橡胶软管应能承受气体压力，应对氧气软管用 2MPa、乙炔软管用 0.5MPa 的压力进行试验。各种气体的软管不得混用，通常氧气软管为黑色，乙炔软管为红色。

22.2 胶管的长度不得小于 5m，以 10~15m 为宜，软管接头必须扎紧。

22.3 使用中，软管不得沾有油脂，不得触及灼热金属或尖利物体。

项目技术负责人签名：　　　　　　接受交底负责人签名：

项目专职安全员签名：　　　　　　接受交底施工人员签名：

附件 17-33 配电箱和开关箱使用安全交底记录[①]

工程名称 工程编号

交底内容 配电箱和开关箱使用安全交底 交底日期 年 月 日

1 配电箱和开关箱应安装牢固，便于操作和维修。

2 落地安装的配电箱和开关箱，设置地点应平坦并高出地面，其附近不得堆放杂物。

3 配电箱、开关箱的进线口和出线口宜设在箱的下面，电源的引出线应穿管并设防水弯头。

4 配电箱、开关箱内的导线应绝缘良好、排列整齐、固定牢固，导线端头应采用螺栓连接或压接。

5 具有 3 个回路以上的配电箱应设总刀闸及分路刀闸。每一分路刀闸不应接 2 台或 2 台以上电气设备，不应供 2 个或 2 个以上作业组使用。

6 照明、动力合一的配电箱应分别装设刀闸或开关。

7 配电箱、开关箱内安装的接触器、刀闸、开关等电气设备，应动作灵活，接触良好可靠，触头没有严重烧蚀现象。

8 配电箱、开关箱内应具有接地端子排、零线端子排，箱体（含箱门）应接地牢固可靠。

9 配电箱、开关箱门内侧应贴有电气系统图（接线图）及检查表，现场持证上岗维修电工应每周至少检查一次配电箱、开关箱，并填表记录。

10 配电箱、开关箱门上应标注箱号、维修电工姓名及联系电话。

项目技术负责人签名： 接受交底负责人签名：

项目专职安全员签名： 接受交底施工人员签名：

① 依据《施工现场临时用电安全技术规范》（JGJ 46—2005）编制。

附件 17-34　施工现场照明安全交底记录[①]

工程名称　　　　　　　　　　　　　　　　　　　　工程编号
交底内容　　施工现场照明安全交底　　　　　　　　交底日期　　　年　　月　　日

1 用电单位必须建立用电安全岗位责任制，明确各级用电安全负责人。

2 用电作业人员必须持证上岗。

3 照明灯具和器材必须绝缘良好，并应符合现行国家有关标准的规定。

4 照明线路应布线整齐，相对固定。室内安装的固定式照明灯具悬挂高度不得低于 2.5m，室外安装的照明灯具不得低于 3.0m。安装在露天工作场所的照明灯具应选用防水型灯头。

5 现场办公室、宿舍、工作棚内的照明线，除橡套软电缆外，均应固定在绝缘子上，并应分开敷设，穿过墙壁时应套绝缘管。

6 照明电源线路不得接触潮湿地面，并不得接近热源或直接绑挂在金属构架上。在脚手架上安装临时照明设备时，应在竹木脚手架上加绝缘子，在金属脚手架上设木横担和绝缘子。

7 照明开关应控制相线。当采用螺口灯头时，相线应接在中心触头上。

8 变电所及配电所内的配电盘、配电柜及母线的正上方不得安装灯具。

9 照明灯具与易燃物之间应保持一定的安全距离。普通灯具与易燃物间距不宜小于 300mm；聚光灯、碘钨灯等高热灯具与易燃物间距不宜小于 500mm，且不得直接照射易燃物。当间距不够时，应采取隔热措施。

10 照明灯具的金属外壳及金属支撑（支架）必须可靠接地。

项目技术负责人签名：　　　　　　　　接受交底负责人签名：
项目专职安全员签名：　　　　　　　　接受交底施工人员签名：

① 依据《施工现场临时用电安全技术规范》（JGJ 46—2005）编制。

附件 17-35 移动和手持式电动工具安全交底记录[①]

工程名称　　　　　　　　　　　　　　　　　　　　工程编号

交底内容　　移动和手持式电动工具安全交底　　交底日期　　　　年　　月　　日

1 移动式电动工具和手持式电动工具通电前应接地。

2 移动式电动工具和手持式电动工具应加装单独的电源开关和保护，严禁 1 台开关接 2 台及 2 台以上电动设备。

3 移动式电动工具的电源开关应采用双刀开关控制，其开关应安装在便于操作的地方。

4 当采用插座连接移动式电动工具、手持式电动工具时，插头、插座应无损伤、裂纹，且绝缘良好。

5 使用移动式电动工具时，若因故离开现场暂停工作或遇突然停电，应拉开电源开关。

6 移动式电动工具和手持式电动工具应加装高灵敏度的漏电保护器。

7 移动式电动工具和手持式电动工具的电源线必须采用铜芯多股橡套软电缆或聚氯乙烯护套软电缆。电缆应避开热源，且不得拖拉在地上。

8 需要移动移动式电动工具和手持式电动工具时，不得手提电源线或转动部分。

9 移动式电动工具和手持式电动工具使用完毕后，必须拉闸断电。

10 更换电动工具钻头时，必须待停转后进行。

11 使用手持式电动工具应戴绝缘手套或站在绝缘台上。

项目技术负责人签名：　　　　　　　　　　接受交底负责人签名：

项目专职安全员签名：　　　　　　　　　　接受交底施工人员签名：

① 依据《建筑安装工人安全技术操作规程》（原〔80〕建工劳字第 24 号）编制。

附件 17-36　电工安全技术交底记录[①]

工程名称　　　　　　　　　　　　　　　　工程编号
交底内容　　电工安全技术交底　　　　　　交底日期　　　年　　月　　日

1 在拉设临时电源时，电线均应架空，过道处须用钢管保护。

2 电箱内电气设备应完整无缺，设有专用漏电保护开关，必须按施工临时用电规范要求设置，一只漏电开关控制一只插座。

3 所有移动电具都应在漏电开关保护之中，电线无破损，插头插座应完整，严禁不用插头而将电线直接插入插座内。

4 严禁带电作业，用电设备检修必须停电后进行。

5 电工登高作业时，所用扶梯应有防护脚、防滑绳，使用角度以 60°～70° 为宜，严禁使用缺档、断档扶梯。

6 各类电动工具要管好、用好，经常清洗、注油，严禁机械“带病”运转，各类防护罩应完整无缺。

7 照明回路及动力回路送电前，必须检测线路绝缘是否符合要求，确认无短路、断路现象，送电应逐级进行，严禁一送到底。

8 严禁使用碘钨灯和家用电加热器（包括电炉、电热杯、热得快、电饭煲）取暖、烧水、烹饪。

9 电气设备所用保险丝的额定电流应与其负荷容量相适应。禁止用其他金属丝代替保险丝。

10 施工现场严禁使用单股绝缘导线、双股绝缘花线及护套绝缘线。

项目技术负责人签名：　　　　　　　接受交底负责人签名：
项目专职安全员签名：　　　　　　　接受交底施工人员签名：

① 依据《建筑安装工人安全技术操作规程》（原〔80〕建工劳字第 24 号）编制。

附件 17-37 电焊工安全技术交底记录[①]

工程名称 工程编号

交底内容 电焊工安全技术交底 交底日期 年 月 日

1 电焊、气割操作时应严格遵守“十不烧”规程的要求。

2 操作前应检查所有工具、电焊机、电源开关及线路是否良好，金属外壳应安全可靠接地，进出线应有完整的防护罩，进出线端应用铜接头焊牢。

3 每台电焊机应有专用电源控制开关。开关的保险丝容量应为该机额定电流的 1.5 倍，严禁用其他金属丝代替保险丝。完工后，切断电源。

4 电气焊弧火花点与氧气瓶、乙炔瓶、木料、油类等危险物品的距离不得少于 10m，与易爆物品的距离不得少于 20m。

5 乙炔瓶应设有安全回火防止器，橡皮管连接处须用扎头固定。

6 氧气瓶、乙炔瓶严防沾染油脂，有油脂的衣服、手套等禁止与氧气瓶、减压阀、氧气软管接触。

7 清除焊渣时，人脸不应正对焊纹，防止焊渣溅入眼内。

8 经常检查氧气瓶与磅表头处的螺纹是否滑牙，橡皮管是否漏气，焊枪嘴和枪身有无阻塞现象。

9 注意安全用电，不准乱拖乱拉电线，电源线均应架空扎牢。

10 焊割点周围和下方应采取防火措施，并应指定专人防火监护。

项目技术负责人签名： 接受交底负责人签名：

项目专职安全员签名： 接受交底施工人员签名：

① 依据《建筑安装工人安全技术操作规程》（原〔80〕建工劳字第 24 号）编制。

附件 17-38 高空作业安全技术交底记录①

工程名称　　　　　　　　　　　　　　　　　　　　工程编号

交底内容　　高空作业安全技术交底　　　　　　　　交底日期　　　　年　　月　　日

1 编制施工组织设计和施工方案时，应列出本项目所涉及的各项高空作业安全技术措施，尽量加大地面作业力度，减少高空作业。

2 高空作业人员，每年须体检合格。患有心脏病、高血压、精神病等疾病，不适合从事高空作业的人员，不得安排其高空作业。严禁酒后高空作业。

3 作业前对高空作业人员进行安全交底。用于高空作业的设施和设备在投入使用前，应对其加以检查，经确认完好后，才能投入使用。

4 进入施工现场必须戴好安全帽，扣好帽带。高空作业人员的衣着要灵便，穿软底防滑鞋，佩戴好安全带，作业时应严格遵守安全操作规程。

5 高空作业中所用的物料应堆放平稳，不可置放在临边或洞口附近，也不可妨碍通行和装卸。拆卸下的物体、剩余材料和废料等都要加以清理和及时运走，不得任意置放或向下丢弃，传递物件时不能抛掷。

6 高处作业必须采取设置安全标志、张挂安全网等各种专项安全措施。

7 施工中若发现高处作业的安全设施有缺陷或隐患，务必及时报告并立即处理解决，如有危及人身安全的隐患，应立即停止作业。不得毁损或擅自移位和拆除安全防护设施和安全标志等，确因施工需要不得不暂时拆除或移位的应报施工负责人审批后才能动手拆移，并在工作完毕后即行复原。

8 应在完工后查验并记录高空作业的安全防护设施。随着工程向更高层推进，高处作业会增多，应进行定期和不定期检查。

项目技术负责人签名：　　　　　　　　　　接受交底负责人签名：

项目专职安全员签名：　　　　　　　　　　接受交底施工人员签名：

① 依据《建筑安装工人安全技术操作规程》（原〔80〕建工劳字第24号）编制。

附件 17-39 操作平台作业安全技术交底记录[①]

工程名称　　　　　　　　　　　　　　　　　　工程编号
交底内容　　操作平台作业安全技术交底　　交底日期　　　年　　月　　日

1 进入现场必须戴好安全帽，扣好帽带，正确使用个人劳动防护用具。

2 移动式操作平台规定

2.1 操作平台应由专业技术人员按现行的相应规范设计，计算书及图纸应编入施工组织设计资料。

2.2 操作平台的面积不应超过 $10m^2$，高度不应超过 5m。还应进行稳定验算，并采取措施减少立柱的长细比。

2.3 装设轮子的移动式操作平台，轮子与平台的接合处应牢固可靠，立柱底端离地面不得超过 80mm。

2.4 操作平台可采用 Φ（48~51）×3.5mm 钢管以扣件连接，亦可采用门架式或承插式钢管脚手架部件，按产品使用要求进行组装。平台的次梁间距不应大于 40cm，台面应满铺 3cm 厚的木板或竹笆。

2.5 操作平台四周必须按临边作业要求设置防护栏杆，并应布置登高扶梯。

2.6 操作平台的移动轮必须具有止动功能。

2.7 移动操作平台时，作业人员严禁站在操作平台上。

项目技术负责人签名：　　　　　　　　接受交底负责人签名：
项目专职安全员签名：　　　　　　　　接受交底施工人员签名：

① 依据《建筑安装工人安全技术操作规程》（原〔80〕建工劳字第 24 号）编制。

附件 17-40 油漆作业安全技术交底记录[①]

工程名称　　　　　　　　　　　　　　　　　　工程编号
交底内容　　油漆作业安全技术交底　　　　　　交底日期　　　　年　　月　　日

1 各类油漆必须设置专用库房存放，不得与其他材料混存，挥发性油料必须存于密闭容器内。库房必须通风良好，配置消防器材，库房内严禁烟火，对照明灯应采取防爆措施。

2 使用煤油、汽油、松香水、丙酮等易燃物调配油料时，不准吸烟，工作场所必须通风良好。

3 现场加工场地油漆管道、支架等附近应无明火作业，应注意周围环境的保护。

4 使用人字梯作业，拉绳必须结牢，在光滑地面上操作时，人字梯下要有防滑措施，梯子不得断档，严禁站在最后一层操作或站在梯子上移位。

5 刷涂耐酸、耐腐蚀的过氯乙烯漆时，必须戴防毒口罩，每隔一小时到室外换气一次，工作场所应通风良好。

6 在室内或容器内喷涂，必须保持良好通风，周围不准有火种，严禁吸烟。

7 在喷漆室或罐体涂漆，必须有接地保护装置。大面积喷涂时，电子设备必须按防爆等级规定进行安装。

8 喷涂含苯、铅或刺激性较强的油漆时，除通风良好、使用好个人防护用品外，工作结束后，应用肥皂水将手洗净，再用水将手冲洗干净。

项目技术负责人签名：　　　　　　　　　　接受交底负责人签名：
项目专职安全员签名：　　　　　　　　　　接受交底施工人员签名：

① 依据《建筑安装工人安全技术操作规程》（原〔80〕建工劳字第24号）编制。

附件 17-41 雨季施工安全技术交底记录[①]

工程名称 工程编号

交底内容 雨季施工安全技术交底 交底日期 年 月 日

1 雷雨时作业人员不要走近钢架或架空电线周围半径 10m 以内区域。若有人遭受雷击触电，周围人员应打 120 急救电话，同时现场采用人工呼吸急救。

2 应将施工现场低压配电室的进出线绝缘子铁脚与配电室的接地装置相连接，做防雷接地，以防雷电波侵入。

3 雨天作业应做好班前安全交底，注意防滑、防跌、防坠落。

4 施工变压器的接地电阻值不大于 4Ω，不符合要求的及时处理。

5 露天放置的大型机电设备应防雨、防潮，对其机械螺栓、轴承部分经常加油并转动以防锈蚀。所有机电设备均应严格执行“一机一闸一保护”制度，机电设备的安装、电气线路的架设严格按照临时用电方案执行。

6 各种机械的机电设备的电器开关要有防雨、防潮设施。

7 雨后应对各种机电设备、临时线路、外用脚手架等进行巡视检查，如有倾斜、变形、下沉、漏电等迹象，立即设危险警示标志并及时修理加固，有严重危险的立即停工处理。

8 施工现场的移动配电箱及施工机具全部使用绝缘橡胶电源线，用后放回库房或加遮盖物防雨，不得放在露天淋雨，防止被雨水浸泡、淹没。

9 加强用电安全巡视，检查每台机器的接地接零是否正常，线路是否完好。若不符合要求，及时整改。

项目技术负责人签名： 接受交底负责人签名：

项目专职安全员签名： 接受交底施工人员签名：

① 依据《建筑安装工人安全技术操作规程》（原〔80〕建工劳字第 24 号）编制。

附件 17-42 夏季施工安全技术交底记录[①]

工程名称　　　　　　　　　　　　　　　　　　　　工程编号

交底内容　　夏季施工安全技术交底　　　　　　　　交底日期　　年　　月　　日

1 高温期间适当调整作息时间，“抓两头放中间”，根据气温变化合理安排露天作业人员的作业计划和作业点，保证工人有充分的休息和睡眠。

2 在烈日下作业，可搭设活动工棚，避免在烈日下直接作业。

3 茶水供应由专人负责，同时要发放防暑用品，做好防暑降温、卫生保健工作。

4 施工现场设立临时医务室，配备防暑和常用药品。

5 与就近医院保持联系，发现中暑者立即送往医院急救。

6 加强对食堂卫生的管理，安排专人监督，要求对所有的餐具、炊具定期消毒，严禁购买腐烂、变质或者有毒食品。

7 宿舍区安排专人负责，每天对宿舍区进行打扫，定期对每间宿舍进行消毒，室内保持通风及清洁整齐。

8 强化门卫制度，值班人员对进出人员进行登记，发现异常立即汇报。

9 项目部安排专人对每个宿舍进行巡查，着重检查是否有中暑和生病的职工。若发现情况，立即采取有效急救措施，确保每个职工身体健康。

10 召开全体职工大会，要求大家在工作中相互照顾，发现异常情况立即向项目部管理人员汇报。

11 日最高气温超过 38℃，停止露天施工作业。

项目技术负责人签名：　　　　　　　　接受交底负责人签名：

项目专职安全员签名：　　　　　　　　接受交底施工人员签名：

① 依据《建筑安装工人安全技术操作规程》（原〔80〕建工劳字第 24 号）编制。

附件 17-43 冬季施工安全技术交底记录①

工程名称 工程编号

交底内容 冬季施工安全技术交底 交底日期 年 月 日

目前气温逐渐下降，即将进入冬季施工（冬施）阶段。冬季大风、大雪、大雾等恶劣天气较多，给施工带来不利影响。冬施期间也是各种事故高发期，为了加强冬施安全管理，消除施工现场安全隐患，特向广大施工人员做如下交底。

1 根据《建筑工程冬期施工规范》（JGJ/T 104—2011）可知：①当室外日平均气温连续 5 天稳定低于 5℃即进入冬期施工；②当室外日平均气温连续 5 天稳定高于 5℃即解除冬期施工。

2 班组长应在施工前向工人进行冬期文明、安全施工交底。

3 现场严禁吸烟。电气焊作业应办理动火手续，并有专人监护。

4 大风雪后现场的脚手架、运输设备、机电设备、消防器材、水源进行全面检查，及时清除工地上、跳板上的冰雪，防止滑倒伤人。

5 易燃材料的附近不得有易燃物品，禁止在易燃材料附近使用明火。现场所用的易燃物品应专门堆放，易燃物堆放距离应符合防火规定，易燃物堆放区应设置足够的消防器材。

6 进入冬施前应对现场各类设施设备进行普查，发现问题及时修补。办公室、休息室在使用空调、电暖气前，应对电线、插座进行全面检查。

7 进入施工现场的施工人员必须服从指挥，非机电人员禁止动用机电设备。冬期施工使用电动机具，应由专人负责使用和保管，不准戴线手套触摸电钻等机具转动部分，以防伤手。

8 对现场的施工用水及生活用水管道做好防冻措施。冬期施工用水严禁长流水，工地施工操作面不得积水，防止结冰后滑倒伤人。

9 冬期施工中，遇有五级以上大风天气时，应停止室外焊接、禁止高空作业。

10 雪后须及时清理马路上的积雪和冰层，设置防滑措施。风雪过后及时对供电线路进行检查，防止断线造成触电事故。

11 现场电源开关、控制箱的设施应加锁，并指定专人负责，防止触电、漏电现象发生。

12 宿舍内工人不得私拉电线，电线上不得晾挂衣物，宿舍内不得使用电热毯、电褥子等电器用品。

13 冬期施工用的保温材料，应具备阻燃性能，质量证明材料齐全。使用完后应及时回收、摆放整齐。

14 施工现场各种材料如钢管、桥架等应分类摆放整齐。

15 施工现场的施工建筑垃圾和生活垃圾及时清理运至现场垃圾站，以便及时外运出场。

16 冬期施工的消防，应认真贯彻“预防为主，防消结合”的消防工作方针，组织有关人员学习消防有关知识，熟练掌握各种消防器的使用。

17 严格执行工地动火申请制度。电气焊在施工区内施工时，必须先申请，经批准后施工，并设专人看管，防止发生火灾事故。

① 依据《建筑安装工人安全技术操作规程》（原〔80〕建工劳字第 24 号）编制。

18 易燃材料要远离火源堆放，码放整齐，间距满足消防要求，并用塑料布、编织布遮盖，必要时应设置隔火墙。

19 现场易燃物堆放区附近应设置足够的消防器材，消防人员对各种消防器材设施要定期检查，使其保持灵敏度。

20 火警电话“119”在消防器材、消火栓及工地电话室挂牌明示。

21 施工现场的泵房有保温措施。露天的和楼内的水管、水龙头、消火栓在冬施前保温完毕，保温材料可用阻燃草帘覆盖或岩棉管包裹。

22 焊条、焊剂等由专人专库保管，随用随领，受潮材料严禁使用。

项目技术负责人签名：　　　　接受交底负责人签名：

项目专职安全员签名：　　　　接受交底施工人员签名：

附件 17-44 弱电施工安全技术交底记录[①]

工程名称　　　　　　　　　　　　　　　　　工程编号

交底内容　　弱电施工安全技术交底　　　　　交底日期　　　年　　月　　日

1 作业人员入场前必须经安全教育、培训，考试合格后方可上岗作业。

2 作业人员进入现场必须正确佩戴安全帽，系好帽带，锁好带扣。

3 作业人员严禁酒后上岗作业，施工现场严禁吸烟，禁止在施工现场追逐打闹。

4 电工、电气焊工、架子工等必须持有效特种作业证件上岗作业。

5 焊工动火作业前必须办理动火手续，方准动火作业。作业前必须清除动火地点周边易燃易爆物品，配备充足的灭火器材，并设专人监护。

6 登高作业超过 2m（含 2m）必须正确佩戴、拴挂安全带，高挂低用。高处作业时衣着要轻便，应穿防滑鞋，禁止穿硬底和带钉易滑的鞋。

7 使用操作平台高处作业，作业面必须有可靠的防护设施。移动操作平台时，作业面上严禁有人。

8 登高作业使用人字梯时必须遵守下列规定：

8.1 使用梯子登高作业，梯子不得缺档，不得垫高使用。梯子横档间距以 300mm 为宜。使用时上端要固定牢固，下端应有防滑措施。

8.2 单面梯工作角度以 75° ± 5° 为宜，人字梯上部夹角以 35°~45° 为宜，使用时第一档或第三档之间应设置拉撑。禁止两人同时在梯子上作业。在通道处使用梯子应有人监护或设置围栏。脚手架上禁止使用梯子登高作业。

8.3 人字梯摆放在光滑地面时，四脚应设防滑钉或防滑橡皮垫。

8.4 人字梯的顶部铰轴不准站人，不准铺设跳板，以免铰轴转动，发生坠落伤人事故。

8.5 木人字梯应经常检查，发现开裂、腐朽、榫头松功等，严禁使用。

9 作业照明及使用携带式照明灯具必须遵守下列规定：

9.1 施工现场宜设置单独的照明用电回路。遇到线路故障停电时，作业人员要及时撤离现场。

9.2 照明灯具必须安装漏电保护器，现场使用移动式碘钨灯照明，必须采用密闭式防雨灯具，金属支架手持部位应采取绝缘措施，并设置可靠的接地接零保护装置。室外灯具距地面不得低于 3m，室内灯具距地面不得低于 2.5m。

9.3 使用行灯，其电源电压不得大于 36V。灯体与手柄应坚固、绝缘良好并耐热耐潮湿，灯头与灯体结合牢固，灯头无开关，灯泡外部有金属保护网。

9.4 电源线应使用橡皮绝缘软电缆，不得使用塑胶线。

9.5 照明灯具的金属外壳必须与接地线相连接，照明开关箱内必须装设隔离开关、短路与过载保护电器和漏电保护器。

9.6 在潮湿和易触及带电体的场所，照明电源电压不得大于 24V。

9.7 在特别潮湿场所和金属容器内工作，照明电源电压不得大于 12V。

---

① 依据《建筑安装工人安全技术操作规程》（原〔80〕建工劳字第 24 号）编制。

9.8 照明灯具与易燃物之间，应保持一定的安全距离。普通灯具与易燃物间距不宜小于300mm，碘钨灯等高热灯具与易燃物间距不宜小于500mm，且不得直接照射易燃物。当间距不够时，应采取隔热措施。

10 使用电动机具时应遵守以下规定：

10.1 机电设备、小型电动工具用电，应当符合有关标准、规范的要求，并应由专业人员安装、拆除和维修保养。

10.2 机电设备的管理应做到“定人、定机、定设备”，严禁不具备专业资格的人员操作机电设备。小型电动工具使用前，应对使用人进行安全技术交底并进行安全技术操作规程的教育。

10.3 机电设备小型电动工具的操作人员必须按规定穿戴好个人安全防护用品。机械操作人员的衣着应符合安全要求，紧身并束紧袖，不得系领带，女工发辫应挽入工作帽内。

10.4 操作机电设备及使用小型电动工具前，应检查机电设备、小型电动工具的电源线和安全防护装置。

10.5 工作前必须检查机械、仪表、工具等，确认完好方准使用。有试运行要求的，应按规定进行试运行，确认正常后，方可投入使用。

10.6 施工机械和电气设备、小型电动工具不得“带病”运转和超负荷作业。操作中发现异常情况应立即停机检查。

10.7 新的、经过大修或技术改造的机械必须按出厂说明书的要求和现行行业标准《建筑机械技术试验规程》（JGJ 33—2012）进行测试和试运转。

10.8 施工现场机电设备、小型电动工具必须按照出厂说明书规定的技术性能、承载能力使用条件和本交底内容的有关规定，正确操作、合理使用，严禁超载作业或任意变更、扩大使用范围。需按规定定期检验检测的仪表和有关安全装置，应经具有法定检验检测资格的单位定期检验检测，否则不得使用。

10.9 所有电动机具要有专人保管、保养。

10.10 使用的电动工具应外观表现完好无破损，绝缘符合规范要求。严禁将电动工具电源线私自接长使用。

11 施工人员严禁进入设有安全防护设施及挂有危险警示标志的危险部位。

12 班组必须认真组织、开展好每天的班前安全活动，每天的活动内容必须结合当天的施工任务、施工环境进行有针对性的安全交底，并组织施工人员学习相应工种的安全操作规程。活动结束后要及时填写“班前安全活动记录”，并要求参加活动人员每人在“班前安全活动记录”上签名。未参加班前安全活动的人员，不得安排其上岗作业。

项目技术负责人签名：　　　　接受交底负责人签名：

项目专职安全员签名：　　　　接受交底施工人员签名：

附件 18 现场施工安全及环境交底记录[①]

工程名称　　　　　　　　　　　　　　　　　　　　　　工程编号

交底内容　　现场施工安全及环境交底　　　　　　　　　交底日期　　　　年　　月　　日

1 常规教育内容

1.1 现场安全生产纪律和文明生产要求。

1.2 危险作业部位及必须遵守事项。

1.3 本单位安全生产制度规定及安全注意事项。

1.4 本工程安全技术操作规程。

1.5 机械设备、电气安全及高处作业等安全基础知识。

1.6 防护用品发放标准及用具用品使用基本知识。

1.7 本工种安全操作规程要点和易发生事故的地方、部位及其防范措施。

1.8 明确岗位职责，正确使用个人防护用品，以及有关安全施工防范装置设施的使用和维护。

2 高空作业

2.1. 高空作业前必须戴好安全帽、系好安全带。

2.2. 高空作业时严禁穿易滑的鞋、高跟鞋和钉鞋，不准穿拖鞋；酒后不得高空作业。

2.3. 高空作业前必须仔细检查梯子或架子是否牢固，梯子四脚放平须稳固，梯子下部 1/3 的部位必须有拉绳，作业时现场应有监护人监护。

2.4 高空作业超过 2m 的必须用钢管搭架子方可工作。

2.5 高空作业时人重心必须在梯子或架子中部，不得倾斜，严禁一只脚踩在梯子或架子上，另一只脚悬空或踏在其他建筑物上。

2.6 架子或梯子移动时，上面不能留置工具或其他的小材料和零配件，严禁操作人员站在架子或梯子上面移动。

注：项目部管理人员（项目经理、技术负责人、施工员、专职安全员、专职质检员等）发现施工人员在作业时无以上防护措施或有违章操作现象，有权拒绝其要求和制止其行为。

3 脚手架作业

3.1. 脚手架上作业严禁穿易滑的鞋、高跟鞋和拖鞋；酒后严禁上架子。

3.2. 雨天和雪天未经允许不得随意上架子。

3.3. 严禁在架子上往下抛弃架子。

3.4. 架子上无防护网不得作业。

3.5. 脚手架上作业必须随时注意架子的主板是否紧固，注意钢管的螺丝有无松动的迹象。

3.6. 架子上作业必须注意上下有无其他人同时作业，若有应引起注意，做好告知及监护工作。

3.7. 上架前还须做好其他的防护措施，严禁野蛮施工。

4 安全用电

4.1. 施工现场用电要规范，严禁乱拉、乱接等现象发生。

---

① 由浙江快达建设安装工程集团有限公司依据公司管理制度编制。

4.2. 不懂电气知识的施工人员严禁单独接电。

4.3. 临时用电的线径必须符合要求，满足现场用电设备的实际功率。

4.4. 接电前仔细检查电线（电缆）有无破损，用电设备接地是否可靠，防止漏电、触电。

4.5. 临时用电设备电源线进电箱必须用插头插入或接入接线端子，严禁把线头直接插入插座、挂在断路器上和保险上。

4.6. 临时用电每一回路必须遵循“一漏、一保、一插”的原则，严禁用铜丝代替保险丝，零线必须通过漏电保护器，用电设备的零线不得用接地线代替。

4.7. 要定期检查用电设备的配件（开关、电源线、漏保、保险、空气开关等）并及时更换，保证用电设备的正常运行。

4.8. 施工临时用电的电线（电缆）架空敷设，特殊情况需要埋地的必须穿钢管保护，并且做好标记。

4.9. 施工人员在现场用电要严格遵守操作规程，不得违章操作。

5 环境要求

5.1 污水排放

5.1.1 对于施工现场生活废水、工程试验用水、机械设备清洁废水的排放，适用的法律法规有《中华人民共和国水污染防治法》《污水综合排放标准》（GB 8978—1996）。

5.1.2 项目应建立相应的管理制度，按照总包的要求，将生活废水经沉淀过滤，排入当地市政排水管道；在施工现场清洗处设立沉淀池，管道试压、冲洗后的废水经沉淀后重复利用，满足法规、标准和相关方要求。

5.2 固体废弃物排放

对于办公垃圾、生活垃圾、建筑垃圾、废纸、废旧金属、废线材等的排放，适用的法律法规有《中华人民共和国固体废弃物污染环境防治法》《建筑施工现场环境与卫生标准》（JGJ 146—2004）。制定垃圾管理制度，固体废弃物分类定点存放，及时外运；可回收废弃物进行分类回收，不能回收的办理垃圾清运证，定期运至环保单位指定垃圾场处理。

5.3 危险废弃物管理

对于计算机消耗器材、废电池、废弃含油棉纱（布）、废弃油漆桶、废弃涂料桶、废弃含油机械零部件、废机油、废柴油、塑料编织袋、废塑料薄膜、废苯板、废海绵、一次性餐盒、废塑料包装物等的管理，适用的法律法规有《危险化学品安全管理条例》《国家危险废物名录》。项目部建立危险废弃物管理办法，实行危险废弃物分类定点存放制度，公司统一回收处理，部分由甲方回收，禁止将危险废弃物提供或委托给无经营许可证的单位收集、储存、利用、处置。

5.4 噪声排放

5.4.1 对于材料运输、管材制安、手动工具运转等各岗位噪声的排放，适用《中华人民共和国环境噪声污染防治法》《建筑施工场界噪声测量方法》（GB 12524—90）《建筑施工场界噪声限值》（GB 12523—2011）等环境噪声污染防治法规、标准。

5.4.2 场界噪声、岗位噪声由项目组织定期进行测定。检测结果不满足法规要求的，对产生噪声的作业场所进行封闭隔离，施工人员佩戴耳罩或对设备进行更新，采用低噪声设备。项目部在强噪声施工过程中应避开居民休息时间和学生高考、中考期间，因工艺要求必须在夜间施工的，提交相关申请，经当地环保部门批准后方可进行。

5.5 能源资源的使用和消耗

5.5.1 项目施工过程中使用施工定额进行控制，在构件生产加工过程中加强成本控制，严格控制资源浪费，对余料进行重复利用。建立办公用品领用的管理办法，教育员工节水节电。

5.5.2 存在施工用水消耗、施工用电消耗、钢材消耗、线材消耗、办公生活用水消耗时，适用法律法规有《中华人民共和国节约能源法》《中华人民共和国建筑法》。

5.6 粉尘排放

5.6.1 存在电焊烟尘排放、场地扬尘、墙面开槽等粉尘排放时，适用的法律法规有《中华人民共和国大气污染防治法》《防治城市扬尘污染技术规范》（HJ/T393—2007）《建筑施工现场环境与卫生标准》（JGJ 146—2004）。

5.6.2 项目施工时对现场道路进行硬化或半硬化，对沙石料场进行硬化并采取防尘措施，对从事渣土、垃圾外运的车辆采取覆盖措施。大风天气停止土方及轻质、粉质材料作业。对粉尘作业，应采取搭设防护棚、洒水等措施减少粉尘排放，同时加强通风，采用新的工艺方法控制焊接烟尘排放。

6 特别提醒

应严格执行公司“三合一”管理体系相关规定。

交底人：
（公司（分公司）工程管理部）

接受交底人：
（项目部经理或项目技术负责人）

附件 19 施工现场环境、职业健康安全交底记录[①]

工程名称　　　　　　　　　　　　　　　　　　工程编号

交底内容　　施工现场环境、职业健康安全交底　交底日期　　　年　　月　　日

1 严格执行公司“三合一”管理体系中与施工现场相关的各项规定及措施。

2 进入施工现场必须戴好安全帽，施工现场严禁吸烟（可到吸烟区吸烟）。

3 严格执行施工现场临时用电的标准规范，确保安全用电和满足施工用电的需求，确保施工人员的职业健康。

4 安装检查必须使用合格正确的检测工具，确保自身的职业健康和安全。

5 加强现场巡检工作，禁止和纠正各种错误用电行为，做好电箱、电动工具、设备的维修保护工作，做好施工用电的有关资料工作，保证环境、职业健康安全。

6 高空作业必须系好安全带，做好临边及洞口防护，物料传送必须采用安全方式，严禁抛送物料。

7 严格遵守气、电焊操作规范，操作人员应穿戴、使用好防护服与工具。

8 必须做好动火操作现场周围的清理工作，并配备灭火器，操作前必须办理动火手续，确保自身与他人的职业健康与生命安全。

9 管道试压首选水压试验，建筑物内严禁采用气压试验。若室外采用气压试验，其泄放口周围应空旷，并设置警戒区域。

10 支架、管道等的防腐施工，施工现场应注意防火、通风，确保安全。

11 晚上加班作业，现场应明亮，应使用安全电压照明，现场进出通道应畅通明亮，确保人身安全。

12 严禁乱扔乱放物料、工具，做到工完场清，做好文明标准化施工。

13 施工现场建筑垃圾必须袋装、桶装化，严禁凌空抛撒，建筑和生活垃圾必须及时清理出场。严禁不文明行为，严禁污染环境与扰民行为。

14 清扫场地必须洒水，注意不要扬尘污染环境。

交底人（技术负责人）：　　　　　　　　接受交底人（专业施工员、专职安全员）：

---

① 由浙江快达建设安装工程集团有限公司依据公司管理制度编制。

附件 20 项目部安全生产与检查制度[①]

第一章 总则

第一条 为了加强项目部安装工程和生产工作的安全管理，保护劳动者在生产过程中的安全和健康，根据有关劳动保护法律、法规，结合项目部实际情况制定本规定。

第二条 项目部安全生产工作必须贯彻“安全第一，预防为主”的方针，贯彻执行公司的安全责任制，各部门应按“管生产必须管安全”的原则，生产要服从安全的需要，实现安全生产和文明施工。

第三条 对在安全生产方面有突出贡献的团体和个人给予奖励，对违反安全生产制度和操作规程造成事故的责任者，应给予严肃处理，触及刑法的，交由司法机关处理。

第二章 机构与安全管理部门职责

第一条 公司工程管理中心是公司安全生产的执行机构，其主要职责是：在总经理的领导下，全面负责公司安全生产管理工作，研究制订安全生产技术措施和劳动保护计划，实施安全生产检查和监督，组织调查处理事故等工作。

第二条 项目经理是项目施工安全生产的第一责任人，负责对本项目部的职工进行安全生产教育，制订安全生产实施细则和操作规程，实施安全生产监督检查，确保生产安全。

第三条 项目部成立安全生产领导小组，成员如下：

组长：项目经理

副组长：项目副经理、项目技术负责人

组员：项目专职安全员、项目各专业施工员

第四条 项目部在组织编制施工组织设计、施工方案、项目重大危险源辨识、专项安全方案等项目施工文件时，应根据工程施工特点、施工季节及施工条件编制，有针对性地编制，使文件能够真正起到指导安全防护、确保安全生产的作用。

第五条 项目部安全生产管理职责

1 贯彻执行劳动保护法令、制度，综合管理日常安全生产工作。

2 汇总和审查安全生产措施计划，并督促有关部门切实按期执行。

3 制订、修订安全生产管理制度，并对这些制度的贯彻执行情况进行监督检查。

4 组织开展安全生产检查，深入现场指导生产中的劳动保护工作，遇到安全隐患时，视情况有权责令停止生产。

5 总结和推广安全生产的先进经验，搞好安全生产的宣传教育和专业培训。

6 参加伤亡事故的调查和处理，负责伤亡事故的统计、分析和报告，协助有关部门提出防止事故的措施，并督促执行。

7 根据有关规定，制定本项目部的劳动防护用品发放标准，并监督执行。

---

① 由浙江快达建设安装工程集团有限公司依据国家相关安全生产法规编制。

8 组织有关部门研究制定防止职业危害的措施，并监督执行。

第六条　项目部的专（兼）职安全生产管理人员，应协助项目经理贯彻执行劳动保护法规和安全生产管理制度，处理本单位安全生产日常事务和安全生产检查监督工作，应经常检查，督促本项目施工人员遵守安全生产制度和操作规程，做好设备、工具等的安全检查、保养工作，及时将项目施工的安全生产情况上报公司工程管理部，做好原始资料的登记和保管。

第七条　项目部在工程管理中应根据公司安全生产责任制的要求，在项目管理中做好安全教育、安全交底和现场安全管理。

第八条　项目部员工在生产、工作中应认真学习和执行安全技术操作规程，遵守各项规章制度，爱护生产设备和安全防护装置、设施及劳动保护用品。发现安全隐患及时报告领导，迅速予以排除。

第三章　教育与培训

第一条　项目部对新招和更换岗位或改变工种的职工、临时工、民工、实习人员，必须进行三级安全生产教育，填写安全教育卡，并签订安全责任书，经安全交底后才能准其进入操作岗位。新工人按公司级、项目部、班组级三级接受安全教育，时间分别不少于 15 小时、15 小时、20 小时，教育内容按国家有关要求设计，教育后进行考核，合格后方准上岗。

第二条　对从事电气、焊接等特殊工种的人员，必须进行专业安全技术培训，经有关部门严格考核并取得合格操作证后才能准其独立操作。

第三条　项目经理、专职安全管理人员及其他管理人员，均应按国家建设部有关规定接受安全教育培训，取得相应的资格。

第四章　安全责任考核制度

第一条 安全责任考核以“安全第一，预防为主”的安全生产方针为总指导方针，依据《中华人民共和国建筑法》和《建筑施工安全检查标准》（JGJ 59—2011）的有关规定建立公司安全责任考核制度。

第二条 项目安全目标：年重大伤亡事故为 0，轻伤事故为 0.3%以内。

第三条　考核内容

1 年度安全目标是否完成。

2 安全教育、安全交底是否按规定完成。

3 现场安全、文明施工是否达到要求。

第四条 被考核责任人的责任范围

项目经理是项目施工安全的第一责任人，对项目施工过程中的安全负主要责任；项目部各管理人员按目标责任分别负各自的责任。

第五条 考核办法

1 考核按公司相应考核管理制度执行，项目经理及项目部各职能负责人接受公司工程管理中心考核，项目部各生产工人接受项目部领导考核。

2 考核工作每年年底进行，考核结果作为个人业绩、奖励和评选先进的重要依据。

第五章 安全技术措施经费提取和使用制度

第一条 各施工项目根据工程特点按照工程总额 0.5%的比例提取各项目的安全技术措施费。

第二条 安全技术措施费由公司财务部统一提取、统一支出、建立台账、专款专用，经安全生产领导小组组长批准后方可使用，以保证将其用于安全生产。

第三条 各项目经理在安排安全技术措施费时应合理，确保费用落到实处，不得浪费。

第六章 安全检查制度

第一条 项目部定期（每半月）进行大检查和随时抽查，这些检查包括普通性检查、专业性检查和季节性检查，这几种检查可以结合进行。

第二条 项目部每天进行日常安全生产检查，由安全员负责和具体实施。

第三条 定期检查时间：项目部大检查每月 2 次，班组长与班组兼职安全员班前对施工现场、作业场所、工具设备进行检查，发现问题立即整改。

第四条 专业性检查：突出专业重点，如针对施工用电、机械设备等组织专业性专项检查，该项检查根据需要，可以随时进行。

第五条 季节性检查：突出季节性特点，如雨季安全检查以防漏电、防雷击、防中毒为重点。

第六条 开展安全生产大检查，必须有明确的目的，要求有具体计划，检查结果做书面记录，提出整改意见。检查由项目经理任组长，项目安全生产检查小组人员参加，安全检查内容：查制度落实、查管理方法及管理效率、查违章、查隐患，做到边检查，边落实整改，及时抓好典型，总结经验。

第七条 针对查出的不能立即整改的隐患制订整改复查计划，制订的整改计划要定人、定措施、定经费、定日期，在隐患没有消除前必须采取可靠的防护措施，如有危及人身安全的紧急险情，应立即责令停止作业。

第七章 设备管理和维修制度

第一条 项目部的安全设施和管理，由安全员实行检查验收，质检员参与验收，验收合格后报项目经理进行审查，审查合格后方能投入使用。

第二条 安全设施、施工机具应定期进行检查，有问题的应及时处理。班前安全活动应对整个安全设施、施工机具仔细检查，发现隐患或问题应上报项目经理，进行查验。报废的消防设施和设备机具要按期销毁，不能用于其他场所和工地，做好台账及时更新。

第三条 在检查中，发现问题应及时维修，维修后重新投入使用前应经安全员、施工员、技术负责人等人查验，确保合格，未经查验的维修后的设备原则上不能投入使用；应建立机具设备维修档案。

第八章 劳动防护用品的发放和使用

第一条 项目部的劳动防护用品，由相应责任人统一发放。

第二条 项目部上报该项目所需的安全设施、施工机具等，应符合有关规范标准要求，所需设备机具名称、型号、规格及价格等信息齐全，并办理审批手续后方可采购。项目部在领用后，应建立设备档案并注明使用人、责任人、使用日期等。

第三条 劳动防护用品应定期检查，按规定及时更换。

第九章 安全技术措施的计划和执行

第一条 安全技术措施计划的编制

1 在编制施工组织设计、施工方案、财务计划的同时，必须编制安全技术措施计划。安全技术措施计划所需的设备、材料，应列入物资供应计划。对于每项措施，应确定实现的期限和责任人，项目经理应对安全技术措施计划的编制和贯彻执行负责。

2 安全技术措施计划的范围包括以改善劳动条件（主要指影响安全和健康的）、防止伤亡事故，预防职业病和职业中毒为目的的各项措施，不应与生产基建和福利等措施混淆。

3 安全技术措施计划的编制必须切合实际，要求做到花钱合理，注重效果，利于实现、督促和检查。

4 对于专业性较强的工程项目必须有针对性地单独编制专项安全技术措施，比如脚手架工程，施工用电、起重吊装作业及其他重要设备的运输。

5 安全技术措施必须按规定经项目技术负责人审核，项目经理审批后方可生效，生效后的安全技术措施必须严格执行，当必须变更时，必须同时办理审核、审批手续。

第二条 安全技术交底制度

公司实行逐级安全交底制度。

1 开工前，公司工程管理中心负责人（或相关人员）应将工程概况、施工方法、安全技术措施等情况向项目部经理、项目技术负责人进行详细交底，做好交底记录，由交底人和被交底人双方签字确认。

2 项目部经理、项目技术负责人、施工员，要按工程进度定期或不定期向班组长进行安全交底，做好交底记录，由交底人和被交底人双方签字确认。

3 班组长每周应对工人进行施工安全、作业环境的安全交底，做好交底记录，由交底人和被交底人双方签字确认。

4 班组长应依据当天计划施工的部位、内容，每日在班前对工人进行安全交底，在施工日志里记录当天的安全交底内容。

第三条 安全技术措施的检查与落实

1 安全员负责安全技术措施的落实。

2 项目经理负责安全措施执行情况的监督检查。

3 针对检查中查出的安全隐患下达“安全隐患通知书”，责令按规定期限整改。

4 整改完毕后，填写安全隐患整改反馈单。

第四条 安全技术措施计划、安全交底等有关资料项目部应有专人收集整理，便于检查和查阅。

第五条 开工后项目部应与职工签订安全生产责任书。

第十章 职工伤亡事故报告调查制度

第一条 工伤事故是指职工在劳动过程中发生的人身伤害、急性中毒事故。事故按严重程度分为四类，即轻伤事故、重伤事故、死亡事故、重大死亡事故，具体标准参照国家相关规定。

第二条 职工发生伤亡事故后，负伤者或最早发现者应立即按“应急救援预案”的要求做应急处理，并立即向公司及安全生产领导小组报告。公司视伤害程度，按相关规定确定是否需上报市建委等有关部门，事故的报告应准确，严禁谎报。重大事故发生后，有关项目部应当在24 小时内书面报告给公司。

第三条 项目部对已发生的、应由公司处理的事故组成联合调查小组，本着实事求是的态度进行认真、及时、准确、客观的调查，给出结论，并对事故调查过程负责。轻伤事故由项目经理组织调查，公司派员参加，应查清事故原因，确定事故责任，提出处理意见报公司审批，填写“工伤事故登记表”（见附件 22）报公司备案。重伤事故由公司（或分公司）负责人组织调查，查清原因，确定事故责任，提出处理意见，填写“职工死亡、重伤事故调查报告书”，在事故发生当日内报告公司。

第四条 死亡事故的处理，由主管部门、劳动、工会及公司按国家有关规定组成联合调查小组，对事故原因进行调查，并按相关程序进行处理、结案；因特殊情况不能及时填报“职工死亡、重伤事故调查报告书”的，需申明理由由公司报请市劳动局及主管部门同意后方可延期填报。

第五条 发生事故单位的领导和现场人员必须严格保护好现场。因抢救负伤人员或防止事故扩大而必须移动现场设备、设施时，现场领导和现场人员要共同负责弄清现场情况，做出标记，标明数据，并画出事故的现场图；故意破坏、伪造事故现场者要严肃处理，情节严重的依法追究法律责任。

第六条 事故现场的清理应在事故现场调查结束后进行，并应办理批准程序。

1 轻伤事故的现场清理，由项目经理报上级主管批准。

2 重伤事故的现场清理，由项目经理报公司主管批准。

3 死亡事故的现场清理，由公司报请当地建设行政主管部门批准。

第七条 对事故的处理，必须坚持“四不放过”原则，即事故原因不查清不放过、事故责任者和群众没有受到教育不放过、防范措施不落实不放过、事故责任者没有严肃处理不放过，做到真实、客观、公正地调查和处理事故。

对事故责任者，应根据事故情节及造成后果的严重程度，分别给予经济处罚、行政处分，对触犯刑法的依法追究其刑事责任。这些处分包括按公司有关规定进行罚款、警告、记过、记大过、降级、撤职、留职察看、开除或送交司法部门处理等。

事故责任主要包括下列情形。

1 玩忽职守，违反安全生产责任制，违章指挥，违章作业，违反劳动纪律而造成事故的。

2 扣压、拖延执行“劳动安全监察指令书”“安全隐患通知书”造成事故的。

3 未按国家技术规范、设计要求和安全规定进行施工，造成事故的。

4 对新工人或新调换岗位的工人不按规定进行安全培训，不进行安全交底、检查和考核造成事故的。

5 组织临时性任务，不制定安全措施，不进行安全交底的。

6 分配有职业禁忌证人员到其被禁止作业的岗位工作而造成事故的。

7 因设备、设施、工具有缺陷而又未定期检查、检修、更换，或原材料、辅助材料不合格而造成事故的。

8 因施工场地环境不符合施工要求还强令施工造成事故的。

9 因不按规定发放和使用劳动防护用品而造成事故的。

第八条　对事故责任者的惩处，要同本人见面，及时宣布，并将相关记录归入受惩者本人档案。如果受惩者不服，有权向上级领导机关申诉。

第九条 职工伤亡事故的处理，须按下列规定批准后方可结案。

1 轻伤事故，由项目部提出申请，由公司批准结案。

2 重伤事故，由项目部按国家安全管理部门要求填写“职工伤亡事故结案处理审批表”，经公司批准结案。

3 死亡事故，由公司填写“职工伤亡事故结案处理审批表”呈报相应劳动安全监察部门结案。

4 重大死亡事故，由省级主管部门会同同级劳动、公安、监察、工会及其他相关部门人员组成调查组，由同级劳动部门处理结案。

第十一章　管理人员、施工人员的安全职责

1 项目部经理

1）对本项目的劳动保护和安全生产工作负第一责任。

2）认真贯彻执行安全生产方针、政策、法律和各项规章制度，制定和执行安全生产管理办法。

3）严格执行安全考核指标和安全生产奖惩办法。

4）确保安全生产技术措施费用的有效使用。

5）严格执行安全技术措施审批和施工安全技术措施交底制度。

6）会同技术负责人对施工班组做好施工安全交底并由双方签字。

7）定期组织安全生产检查和分析，对安全隐患制定相应的预防措施。

8）当施工过程中发生伤亡事故时应及时如实上报，按安全事故处理的有关规章制度认真分析事故的原因，提出和实行改进措施。

2 安全员、施工员

1）对安全生产进行现场监督、检查，发现安全事故隐患应及时向项目负责人和安全生产管理机构报告。

2）对违章操作的应当立即制止。

3）对所管工程的安全生产负直接责任。

4）组织实施安全技术措施，进行安全技术交底。

5）对施工现场搭拆的脚手架和机械设备等安全防护装置组织验收，合格后方能使用。

6）不违章指挥。

7）组织工人学习安全操作规程，教育工人不违章作业。

8）认真消除事故隐患，发生工伤事故要立即上报，保护好现场，参加事故的调查与处理。

3 项目技术负责人

1）对本项目的安全技术负直接责任。

2）协助项目经理贯彻执行安全生产规章制度。

3）编制施工组织设计（施工方案）及安全技术措施，并负责组织实施与监督检查。

4）负责向施工人员进行重大或关键部位的安全技术交底。

5）组织职工学习安全技术操作规程。

6）及时解决施工中的安全技术问题。

7）参加工伤事故的调查分析，负责制定改进安全技术和措施。

4 班组长

1）贯彻执行企业和项目对安全生产的规定和要求，全面负责本班组的安全生产。

2）向本工种作业人员进行安全技术措施交底，组织职工贯彻执行企业、项目各项安全生产规章制度和安全技术操作规程，拒绝违章指挥，组织采取安全技术措施。对本次作业所使用的机具、设备、防护用具、设施及作业环境进行安全检查，消除安全隐患，检查安全标牌是否按规章设置，标识方法和内容是否正确完整。

3）负责对新工人进行岗位安全教育，组织班组开展安全活动对作业人员进行安全操作规程培训，提高作业人员的安全意识，召开上岗前安全生产会，每周进行安全讲评。

4）负责班组安全检查，发现安全隐患及时组织力量消除并报告上级。

5）当发生重大事故或恶性工伤事故时应立即报告并组织抢救，保护好现场，做好详细记录，参加事故调查处理。

6）搞好生产设备、安全设备、消防设施、防护器材和急救器具的检查维护工作，使其保持状态良好和正常运行，督促教育职工合理使用劳动保护用品、用具及正确使用灭火器材。

5 施工人员

1）认真学习和严格遵守各项规章制度。不违反劳动纪律，不违章作业，执行安全技术交底和有关安全生产的规章，服从监督人员的指导，积极参加安全活动，爱护安全设施。

2）精心操作，严格执行施工工艺，有权对施工现场的作业条件、作业程序和作业方式中存在的安全问题提出批评、检举和控告。

3）遵守安全施工的强制性标准、规章制度和操作规程，正确使用安全防护用具、机械设备。

4）正确分析、判断和处理各种事故、隐患，把事故消灭在萌芽状态，做好各项记录，交接班必须交接安全情况。

5）如发生事故，要正确处理，及时、如实地向上级报告，并保护现场，做好详细记录。

6）作业人员进入新的岗位或者新的施工现场前应当接受安全生产教育培训，未经培训和培训不合格人员不得上岗作业。特种作业人员必须按照有关规定经过专门的安全操作培训，取得相应证书后方可上岗作业。

7）努力学习安全技术，提高自我保护意识和自我保护能力正确操作、精心维护设备，保持作业环境整洁，搞好文明生产。

8）妥善保管和正确使用各种防护器具和灭火器材。

9）有权对不安全作业提出意见，有权拒绝违章指挥和强令冒险作业。在施工中发生危及人身安全的紧急情况时，作业人员有权立即停止作业或者采取必要的应急措施后撤离危险区域。

附件 21　安全生产责任书[①]

甲方：

乙方：

工地：

为确保安全生产，杜绝违章操作，减少事故频率，减少事故损失，顺利完成各项生产任务，特制定责任状如下，以期遵守。

1 热爱本职工作，努力学习，增强安全意识。遵守职业道德，提高操作技能，提出安全工作的合理化建议，搞好安全生产。

2 认真学习本工种安全技术操作规程，接受三级安全教育和安全技术交底，并按规定签字。

3 遵守劳动纪律，服从领导和安全检查人员的指挥，工作时思想集中、坚守岗位，未经许可不得从事非本工种作业。

4 认真执行“安全生产四大纪律”：①进入施工现场必须戴好安全帽，扣好帽带，并正确使用个人劳动保护用品；②高空作业时，不准往下或向上抛材料和工具等物件；③各种电动机械设备，必须有可靠有效的安全措施和防护装置，方能开动启用；④不懂电器和机械设备的人员严禁使用和玩弄机电设备。

5 认真执行安全生产“八个不准”：①不准穿拖鞋和赤膊上班；②不准高空坠物；③不准坐在扶手栏杆或卧睡在脚手架上；④不准酒后上班；⑤不准玩火、烧火和嬉戏打闹；⑥不准赌博；⑦不准带小孩进入现场；⑧不准随便进入工地的施工现场、仓库和办公室等重要场所。

6 正确使用防护装置和防护设施，对各种防护装置、设施、安全标志等不得擅自拆除和随意挪动，需要拆除、挪动须经施工负责人同意。

7 现场发现险情或异常，应立即通知施工负责人。现场发生事故后，要立即投入抢险和救人，保护好现场并立即向上级报告。

8 如有违章，要进行处罚和教育，并视情节轻重进行 5~50 元 / 次的处罚；若由此造成严重后果或不良影响的，将追究当事人的经济赔偿及法律责任。

若不遵守以上规范，造成的一切损失由乙方自己承担。

本责任书一式两份，甲乙双方各执一份。甲方所执责任书由项目部统一保管。

本责任书签字或签章后生效。

附：乙方身份证复印件一张。

甲　方：　　　　　　　　　　　　　　乙　方：

代　表：

年　　月　　日　　　　　　　　　　　年　　月　　日

① 由浙江快达建设安装工程集团有限公司编制。

附件 22 工伤事故登记表[①]

工程名称： 事故部位：

事故日期： 年 月 日 时 分

事故类别： 气象情况：

<table>
<tr><th rowspan="2">伤害人姓名</th><th rowspan="2">伤害程度
（死、重、伤）</th><th rowspan="2">工种及级别</th><th rowspan="2">性别</th><th rowspan="2">年龄</th><th rowspan="2">本工种
工龄</th><th rowspan="2">受过何种教育</th><th rowspan="2">歇工总工期</th><th colspan="2">经济损失 / 万元</th><th rowspan="2">备注</th></tr>
<tr><th>直接</th><th>间接</th></tr>
<tr><td></td><td></td><td></td><td></td><td></td><td></td><td></td><td></td><td></td><td></td><td></td></tr>
<tr><td></td><td></td><td></td><td></td><td></td><td></td><td></td><td></td><td></td><td></td><td></td></tr>
<tr><td></td><td></td><td></td><td></td><td></td><td></td><td></td><td></td><td></td><td></td><td></td></tr>
<tr><td colspan="11">事故经过和原因：</td></tr>
<tr><td colspan="11">预防事故重复发生的措施：

落实措施负责人：

项目负责人： 安全负责人： 填表人：

年 月 日</td></tr>
</table>

注：事故经过和原因如填写不下可另附纸说明。

① 由浙江快达建设安装工程集团有限公司编制。

附件 23 生产安全事故应急救援预案[①]

前 言

为全面贯彻落实全国应急管理工作会议精神，按照《安全生产法》等法律法规，以及《国家突发公共事件总体应急预案》《国家安全生产事故灾难应急预案》对安全生产事故应急预案制定、培训、演练、监督管理的有关规定和要求，公司工程部组织编写了《项目部应急预案编制范本》。本范本按照《生产经营单位安全生产事故应急预案编制导则》基本要求进行了必要修改，旨在为项目部编制和修订应急预案提供参照。

应急预案的编制应当包括以下主要内容。

1 应急预案的适用范围。

2 事故可能发生的地点和可能造成的后果。

3 事故应急救援的组织机构及其组成单位、组成人员、职责分工。

4 事故报告的程序、方式和内容。

5 发现事故征兆或事故发生后应当采取的行动和措施。

6 事故应急救援（包括事故伤员救治）资源信息，包括队伍、装备、物资、专家等有关信息的情况。

7 事故报告及应急救援有关的具体通信联系方式。

8 相关的保障措施。

9 与相关应急预案的衔接关系。

10 应急预案管理的措施和要求。

预案由项目部组织项目相关人员（专职安全员、施工员等）编制，项目主管安全的副经理或技术负责人审核，项目经理批准实施，并报公司工程部备案。

项目经理在工程项目施工中处于《安全生产法》第五条所称“生产经营单位主要负责人”的地位，应当对建设工程项目的安全生产负全面责任，是本项目安全生产的第一责任人。

公司的项目数量多，涉及范围广。由于部分项目部管理弱化，个别项目部安全管理基础比较薄弱，在应急管理方面受规模和资源上的限制，导致伤亡事故时有发生。因此，加强项目部安全管理工作，提高应急管理水平非常必要。多数项目部管理人员身兼数职，职能部门也肩负着多项职责，在编制应急预案时也不能完全按照大型项目部或公司的模式来编制，应当更加注重预案的简洁性和实用性。在编制应急预案时要立足于本工程项目的风险隐患特点，在辨识和评估潜在重大危险、事故类型、事故发生的可能性、事故后果以及影响严重程度的基础上进行。

公司建立事故应急预案管理体系，编制综合管理预案以及专项应急预案；各分公司及其所管辖项目部根据工程类型和工种配置制定现场处置方案，按照“三合一”贯标体系要求和公司的有关规定设置专门的救援组织。项目部应强化现场应急处置方案的编制工作，重视关键环节、重点岗位、重要目标应急预案的制定，加强应急预案培训和演练，提高项目管理及从业人员的

---

① 由浙江快达建设安装工程集团有限公司编制。

危机意识、现场处置和防灾避险、自救互救的能力，明确在事前、事发、事中、事后的各个过程中，相关部门和有关人员的职责。

本预案附件收编了 8 个常见事故的现场应急处置方案和 10 个常见伤害事故的应急抢救方法，项目部可以根据实际增删，作为培训和学习材料。

______________ 工程

项目施工现场事故应急预案

编制单位：　　　　　　　　　　　项目部
编 制 人：
审 核 人：
批 准 人：
批准日期：
实施日期：

________ 安装工程集团有限公司
二O　　年　　月

目 录

1 总则

1.1 编制本预案的目的

提高本项目部保障安全生产和处置突发安全事故的能力，最大限度地预防安全事故和减少其造成的损害，保障项目部全体员工生命和财产安全。

1.2 编制本预案的依据

《中华人民共和国安全生产法》《生产经营单位安全生产事故应急预案编制导则》，公司《安全生产事故应急预案》及公司有关规章制度、文件。

1.3 应急处理方针

预防为主，常备不懈，反应及时，将损失减小到最低程度。

1.4 应急处理原则

1.4.1 项目施工现场发生重大事故后，抢救受伤人员是第一位的任务，现场应急指挥人员应冷静沉着地对事故和周围环境做出判断，并有效地指挥所有人员在第一时间内积极抢救伤员，安定人心，消除人员恐惧心理。

1.4.2 在事故发生地应快速地采取一切措施，防止事故蔓延和二次事故发生。

1.4.3 应按照不同的事故类型，采取不同的抢救方法，针对事故的性质，迅速做出判断，切断危险源头，再进行积极抢救。

1.4.4 事故发生后，应尽最大努力保护好事故现场，使事故现场处于原始状态，为以后查找原因提供依据，这是现场应急处置的所有人员必须明白并严格遵守的重要原则。

1.4.5 发生事故单位应严格按照事故的性质及严重程度，遵循事故报告原则，尽快向有关部门报告。

1.5 经项目部危险源因素辨识及评价，对事故的类别、原因、发生的部位等进行的统计分析得知，本项目可能发生的事故有高处坠落、触电、物体打击、机械伤害、坍塌、中毒和火灾等，此外，高温、台风等易引起事故，所以在项目工程建设中要加强对以上多发性事故隐患的整治工作，采取有效措施，防止发生事故。

（注：项目部的危险源因素辨识及评价应根据实际情况编写）

2 组织机构及职责

2.1 工程概况

工程名称：

工程地点：

工程造价：合同价________万元

计划开工日期：20____年____月____日

计划竣工日期：20____年____月____日

施工日历工期：_______天

建设单位：

设计单位：

监理单位：

施工单位：

2.2 应急组织机构及职责

2.2.1 应急指挥小组人员构成

组长： 职务：项目经理 电话：

常务副组长： 职务：专职安全员 电话：

副组长： 职务：项目副经理 电话：

组员：

2.2.2 应急指挥小组工作职责

1）审定本预案及其相关规定，负责监督本预案的落实。

2）接到现场事故报告，赶赴事故发生地，立即组织营救受害人员，组织撤离或采取其他措施保护危害区域内的其他人员，及时向上级主管部门报告。

3）Ⅱ级、Ⅲ级事故发生后，应迅速与公司联络，寻求支持，同时制定相应的应急措施，有效控制事态，对事故造成的危害进行分析监测。救援行动必须迅速、准确、有效，避免事故后果、影响猝变、激化、放大。

4）积极配合政府主管部门，妥善、高效地处理好发生的各种事故。

5）组织事故应急宣传、培训和学习。

2.2.3 应急指挥小组具体分工

1）事故紧急救援行动由组长全权负责。

2）常务副组长负责到现场了解事故情况，组织现场抢救。

3）副组长负责联络，保持与当地行政、建设、卫生及劳动等部门的沟通。

4）小组成员按照分工，负责维持现场秩序，做好当事人、周围人员的问讯记录。

5）若组长、常务副组长不在，由副组长或现场安全员担任组长职务，并随时与组长保持联系，负责指挥现场抢救工作。

3 事故报告机制

3.1 事故处置及报告程序

3.1.1 施工现场发生Ⅰ级生产安全伤亡事故（施工现场发生 3 人及以下的轻伤事故，经济损失 10 万元以下）：项目部组织实施现场救援和自救，同时将事故基本情况逐级电话上报，填写月度生产安全事故表上报公司工程部。

3.1.2 施工现场发生Ⅱ级生产安全伤亡事故（施工现场发生 3 人及以下重伤事故或 3 人以上轻伤事故，经济损失 10 万 ~100 万元）：项目部组织实施现场救援，并报分公司，分公司接到求救信号后，立即组织实施救援；直属项目部发生Ⅱ级生产安全伤亡事故，立即组织实施救援，并上报公司工程部。

3.1.3 施工现场发生Ⅲ级生产安全伤亡事故（施工现场发生 1 人以上死亡或 3 人以上重伤的事故，经济损失 100 万元以上）：项目部组织实施现场救援，分公司接到求救信号后，立即组织实施救援，公司接到报告后，按有关法律法规的要求立即向政府有关部门报告，寻求内部、外部及技术、物资等方面的支持，并及时启动救援预案实施救援。

3.2 事故数据补报

自事故发生之日起 7 日内，如事故造成的死伤人数发生变化，应及时补报。

3.3 事故报告部门和电话

公司事故报告电话：　　　　　　　　　　传真：

报告部门：公司工程管理中心

4 应急响应

4.1 响应程序

项目部在接到事故报告后，马上启动本预案，项目部应急领导小组开始运作，立即赶赴事故现场，积极开展救援与善后工作。

4.2 应急结束

项目部应急领导小组按事故的分级，Ⅰ级事故按事故应急情况决定应急行动的终止，Ⅱ、Ⅲ级事故在分公司或公司及政府相关职能部门宣布救援工作结束后，宣布项目部应急行动终止，并做好如下工作。

1）上报事故现场情况。

2）完成需向事故调查处理小组移交的相关事项。

3）完成事故应急救援工作总结报告。

5 信息通报

项目部应急领导小组应及时向分公司或公司及政府主管部门上报事故情况。现场应急行动时，项目部应主动向分公司或公司及现场政府相关职能部门提供事故及人员的相关信息，方便救援工作的开展。

6 后期处置

项目部应积极配合分公司或公司及政府相关职能部门，做好污染物处理、事故后果影响消除、生产秩序恢复、善后赔偿、抢险过程与应急救援能力评估、应急预案修订等善后处理工作。

7 保障措施

7.1 通信保障

项目部应明确应急小组组织机构的人员姓名及联系电话，制作告示牌（应急救援组织及人员联系表见附录 1），将其醒目地张挂于现场显见部位，要求相关应急工作人员手机 24 小时开通，做到人员明确、号码无误、信息互通。

7.2 应急物资装备保障

项目部配备应急救援需要使用的应急物资，明确装备的类型、数量、性能、存放位置、管理责任人及其联系方式（应急装备登记表见附录 2）。

7.4 经费保障

项目部开工前应编制应急专项经费预算，明确其使用范围、数量和监督管理措施，保障应急状态下应急经费能及时到位。

7.5 医疗保障

事故应急医院（离本项目最近的县级医院）及行车路线如下。

医院名称：

医院电话：

医院地址：

项目部至医院行驶路线：

8 培训与演练

8.1 培训

项目部应急领导小组自开工后或每半年组织项目部全体从业人员接受一次应急救援培训，普及员工的应急救援知识。本预案附录 4 收编了 5 个常见事故的现场应急救援处置方案，附录 5 收编了 8 个常见伤害事故的应急抢救方法，可以作为培训和学习材料。

应急救援培训内容主要有以下几点。

1）灭火器的使用以及灭火步骤的训练。

2）施工安全防护、作业区内安全警示设置、个人防护措施、施工用电常识、在建工程的交通安全、大型机械的安全使用。

3）对危险源及环境因素的辨识。

4）事故报警。

5）紧急情况下人员的安全疏散。

6）现场抢救的基本知识。

8.2 演练

项目部应急领导小组在项目开工后，组织员工进行应急演练，根据工程工期长短不定期举行演练，施工作业人员变动较大时增加演练次数。每次演练结束，及时做出总结，对欠缺项定时整改，对整改项在下次演练前整改，不断提高从业人员的应急处理能力（事故应急救援演练记录表见附录 3）。

9 奖惩

事故应急救援工作中的奖励和处罚按照公司奖惩规定进行。

10 附则

10.1 更新和备案

本预案由项目部应急领导小组负责维护和更新，项目中期进行一次评审更新，实现可持续改进，并报公司工程部备案。

10.2 制定和解释

本预案由项目部应急领导小组负责制定和解释。

10.3 预案实施时间

本预案自发布之日起实施。

附录 1 项目部应急救援组织及人员联系表

序号	姓名	职责	联系电话
1		组长	
2		副组长	
3		专职安全员	
4		兼职消防员	
5		兼职卫生员	

附录 2 项目部应急装备登记表

序号	名称	用途	序号	名称	用途
1	急救箱	存放急救物品	6	担架	救护
2	绷带	止血、包扎	7	灭火器	灭火
3	止血药物	止血	8	碘钨灯	照明
4	温度计	测量体温	9	手电筒	照明
5	手术剪	清理黏结衣物等	10	手机	通信

附录 3 项目部事故应急救援演练记录表

<table>
<tr><td>演练时间</td><td colspan="2"></td><td>演练地点</td><td></td></tr>
<tr><td>参加人员</td><td colspan="4"></td></tr>
<tr><td>演练过程</td><td colspan="4"></td></tr>
<tr><td>存在问题</td><td colspan="4">1. 欠缺项
2. 整改项
3. 改进项</td></tr>
<tr><td>解决办法</td><td colspan="4"></td></tr>
<tr><td>批准人</td><td></td><td colspan="2">记录人</td><td></td></tr>
</table>

附录 4 项目部施工现场应急救援处置方案

1 高处坠落事故应急救援处置方案

高空坠落事故属于常见多发事故。高处作业可分为三大类：临边作业、洞口作业和独立悬空作业。高空坠落事故中，施工人员从高处作业区域坠落，通常有多个系统或多个器官的损伤，损伤严重者当场死亡。高空坠落除有直接或间接受伤器官表现外，尚可有昏迷、呼吸困难、面色苍白等症状，胸、腹腔内脏组织器官发生广泛的损伤。高空坠落时，足或臀部先着地，外力沿脊柱传导到颅脑而致伤；由高处仰面跌下时，背或腰部受冲击，可引起腰椎前纵韧带撕裂，椎体裂开或椎弓根骨折，易引起脊髓损伤。脑干损伤时，伤者常有较严重的意识障碍、光反射消失等症状，也可有严重并发症出现。

1.1 高处坠落事故预防措施

以预防高处坠落事故为目标，对于在可能发生高处坠落事故的特定危险处的施工，在施工前制定防范措施。高处作业要做好“五必有”：有边必有栏（在脚手架、平台等的边缘设置防护栏杆）；有洞必有盖（作业场所的孔、洞、沟等铺设盖板）；无栏无盖必有网（如不设置栏杆或盖板，应安装安全网）；有电必有防护措施（与高低压线路、设施保持安全距离）；电梯必有门连锁（电梯、载货机升降过程中，门应锁紧打不开）。

工人上岗前应依据有关安全生产制度规定对其进行专门的安全技术交底，为其提供合格的安全帽、安全带等必备的安全防护用具。作业人员应按规定正确佩戴和使用安全防护用具，并应在日常安全检查中加以确认。

1.1.1 凡身体不适合从事高处作业的人员，不得从事高处作业。从事高处作业的人员要按规定进行定期体检。

1.1.2 各类安全警示标志按类别，有针对性地、醒目地张挂于现场各相应部位。在洞口、邻边等施工现场的危险区域设置醒目标准的安全防护设施、安全标志。

1.1.3 高处作业之前，由项目经理组织有关人员进行安全防护设施的逐项检查及验收，验收合格后，方可进行高处作业。防护栏杆以黄黑或红白相间条纹标示，盖板及门以黄或红色标示。

1.1.4 严禁穿硬塑料底的易滑鞋、高跟鞋、拖鞋。

1.1.5 严禁作业人员互相打闹，以免失足发生坠落危险。

1.1.6 进行悬空作业时，应有牢靠的立足点并正确系挂安全带。

1.1.7 各种架子搭好后，项目经理必须组织架子工和使用架子的班组共同检查验收，验收合格后，方准上架操作。使用架子时，特别是在台风暴雨后，要检查架子是否稳固，发现问题及时加固，确保使用安全。

1.2 高处坠落事故应急救援

发生高处坠落事故后，抢救的重点为对休克、骨折和出血情况进行处理。

1.2.1 发生高处坠落事故后，应马上组织抢救伤者，首先观察伤者的受伤情况、部位以及伤害性质，如伤员发生休克，应先处理休克，去除伤员身上的用具和口袋中的硬物。遇呼吸、心跳停止者，应立即对其进行人工呼吸、胸外心脏按压。要让处于休克状态的伤员安静、保暖、平卧、少动，并将其下肢抬高约 20°，尽快拨打 120 急救电话，送医院进行抢救治疗。在搬运和转送伤员过程中，其颈部和躯干不能前屈或扭转，应使其脊柱伸直，绝对禁止“一人抬肩一人抬腿”的搬法，以免引起或加重其截瘫。

1.2.2 伤员出现颅脑损伤，必须维持其呼吸道通畅。昏迷者应平卧，面部转向一侧，以防其舌根下坠或吸入分泌物、呕吐物，发生喉阻塞。有骨折者，应初步对其骨折处做固定处理后再搬运。遇有凹陷骨折、出现严重的颅底骨折及严重的脑损伤症状的伤员，用消毒的纱布或清洁布等覆盖其创伤处，用绷带或布条包扎伤口后，及时拨打120急救电话，将其送就近有条件的医院治疗。

1.2.3 遇颌面部受伤的伤员，首先应保持其呼吸道畅通，清除移位的组织碎片、血凝块、口腔分泌物等，同时松解伤员颈、胸部的纽扣。若伤员的舌已后坠或口腔内异物无法清除时，可用12号粗针穿刺其环甲膜，维持其呼吸，尽可能将其送到医院切开气管。

1.2.4 发现脊椎受伤者，用消毒的纱布或清洁布等覆盖其创伤处，用绷带或布条包扎伤口。搬运时，令伤者平卧将其放在帆布担架或硬板上，以免其受伤的脊椎移位、断裂造成截瘫，招致死亡。抢救脊椎受伤者，搬运过程严禁只抬伤者的两肩与两腿或单肩背运。

1.2.5 发现伤者手足骨折，不要盲目搬动伤者。应在其骨折部位用夹板临时固定受伤位置，使断端不再移位或刺伤肌肉、神经或血管。固定方法：以固定骨折处上下关节为原则，可就地取材，用木板、竹片等作固定物。

1.2.6 遇复合伤伤员，令其平仰，保持其呼吸道畅通，解开其衣领扣。

1.2.7 周围血管伤伤员的伤部以上动脉干至骨髓被压迫。直接在其伤口上放置厚敷料，绷带加压包扎至不出血和不影响肢体血循环为宜。当上述方法无效时，可慎用止血带，原则上尽量缩短使用时间，一般以不超过1h为宜，做好标记，注明止血带使用时间。

1）遇有创伤性出血的伤员，应迅速包扎止血，使伤员保持在头低脚高的卧位，并注意保暖。

①一般伤口小的止血法：先用生理盐水（0.9% NaCl溶液）冲洗伤口，在伤口处涂上红汞，然后盖上消毒纱布，用绷带较紧地包扎。

②加压包扎止血法：用纱布、棉花等做成软垫，放在伤口上再加包扎，以增强压力达到止血效果。

③止血带止血法：选择弹性好的橡皮管、橡皮带或三角巾、毛巾、带状布条等，上肢出血结扎在上臂以上1/2处（靠近心脏位置），下肢出血结扎在大腿上1/3处（靠近心脏位置）。结扎时，在止血带与皮肤之间垫上消毒纱布棉垫。每隔25~40分钟放松一次，每次放松0.5~1.0分钟。

2）动用最快的交通工具或采取其他措施，及时把伤者送往邻近医院抢救，运送途中应尽量减少颠簸。同时，密切注意伤者的呼吸、脉搏、血压及伤口的情况。

2 物体打击事故应急救援处置方案

物体打击伤害是建筑行业常见伤害事故的一种，常在施工周期短，劳动力、施工机具、物料投入较多，交叉作业时出现。这就要求在高处作业的人员在机械运行、物料传接、工具存放的过程中，确保安全，防止物件坠落伤人的事故发生。

2.1 物体打击事故预防措施

2.1.1 人员进入施工现场必须按规定佩戴安全帽。应在规定的安全通道内出入和上下，不得在非规定通道位置行走。

2.1.2 安全通道上方应搭设双层防护棚，防护棚材料要能防止高空坠落物穿透。

2.1.3 钢井架，施工用人、货梯出入口位置应搭设防护棚。防护棚长度为钢井架，施工用人、货梯外边沿两侧各超出0.8m。宽度为当建筑物高度在15~30m时，搭设4m；当建筑物高度在

30m 以上时，搭设 5m；超高层建筑物中搭设 6m。

2.1.4 临时设施不得使用石棉瓦作盖顶。

2.1.5 边长小于或等于 250mm 的预留洞口必须用坚实的盖板封闭，用砂浆固定。

2.1.6 作业过程中，常用工具必须放在工具袋内，不准往下或向上乱抛材料和工具等物件。所有物料应堆放平稳，不得放在邻边及洞口附近，并且不可妨碍通行。

2.1.7 高空安装起重设备或垂直运输机具，注意不要有零部件落下伤人。

2.1.8 吊运一切物料都必须由持有司索工上岗证的人员进行绑码工作，红砖、预埋件等散料应用吊篮装置好后才能起吊。

2.1.9 拆除或拆卸作业应设置警戒区域，区域由专人监护。

2.1.10 高处拆除作业中，对拆卸下的物料、建筑垃圾要及时清理和运走，不得在走道上任意乱放或向下丢弃。

2.2 物体打击事故应急救援

当发生物体打击事故后，抢救的重点为对颅脑损伤、胸部骨折和出血情况进行处理。

2.2.1 发生物体打击事故，应马上组织抢救伤者远离危险现场，以免再发生损伤。

2.2.2 在移动昏迷的颅脑损伤伤员时，应保持其头、颈、胸在一直线上，不能任意旋曲。若伴有颈椎骨折，更应避免其头颈的摆动，以防引起其颈部血管神经及脊髓的附加损伤。

2.2.3 观察伤者的受伤情况、受伤部位、伤害性质，如伤员发生休克，应先处理休克。遇呼吸、心跳停止者，应立即对其进行人工呼吸、胸外心脏按压。遇处于休克状态的伤员，要让其安静、保暖、平卧、少动，并将其下肢抬高约 20°，尽快送医院进行抢救治疗。

2.2.4 伤员出现颅脑损伤，必须维持其呼吸道通畅。昏迷者应平卧，面部转向一侧，以防其舌根下坠或吸入分泌物、呕吐物，发生喉阻塞。有骨折者，应初步对其骨折处做固定处理后再搬运。遇有凹陷骨折、出现严重的颅底骨折及严重的脑损伤症状的伤员，用消毒的纱布或清洁布等覆盖其创伤处，用绷带或布条包扎伤口后，及时拨打 120 急救电话，将其送就近有条件的医院治疗。

2.2.5 防止伤口污染。在现场清理相对清洁的伤口，可用浸有过氧化氢的敷料包扎；对污染较重的伤口，可简单清除伤口表面异物，剪除伤口周围的毛发，但切勿拔出创口内的毛发及异物、凝血块或碎骨片等，再用浸有过氧化氢或抗生素的敷料覆盖包扎创口。

2.2.6 在运送伤员到医院就医时，昏迷伤员应保持侧卧位或仰卧偏头，以防止呕吐后误吸呕吐物。对烦躁不安的伤员可因地制宜地将其手足约束，以防伤及开放伤口。脊柱有骨折者应用硬板担架运送，勿使其脊柱扭曲，以防途中颠簸使其脊柱骨折或脱位加重，造成或加重其脊髓损伤。

3 机械伤害及重大施工机械设备事故应急救援处置方案

机械（机具）伤害事故是工程施工中比较常见的事故。工程施工中比较常见的易导致伤害的机械有工程机械（机具）、砂轮切割机、台钻以及各种起重运输机械等。容易造成死亡事故的常见设备有龙门架、井架物料提升机、各类塔式起重机、施工的外用电梯以及铲土运输机械等。

3.1 机械伤害事故预防措施

3.1.1 施工机械设备的安全管理

1）施工机械设备应按其技术性能和有关规定正确使用。不得使用缺少安全装置或安全装置已失效的机械设备。

2）严禁拆除机械设备上的自动控制机构、力矩限位器等安全装置以及监测指示仪表、警报器等自动报警、信号装置。机械设备调试和故障排除应由专业人员负责。

3）应按时进行机械设备保养。当发现机械设备有漏保、失修或超载、带病运转等情况时，项目部应停止使用它们。严禁在作业中对机械设备进行维修、保养或调整等作业。

4）机械设备的操作人员必须身体健康，并经过专业培训考试合格，取得有关部门颁发的特殊工种合格证后，方可独立操作。

5)操作人员有权拒绝执行违反安全技术规程的命令。由于发令人强制违章作业造成事故者，应追究发令人的责任，甚至追究其刑事责任。

6）机械操作人员和配合作业人员必须按规定穿戴劳动保护用品，长发不得外露。高处作业时必须系安全带，不得穿硬底鞋和拖鞋。严禁从高处往下投掷物件。

7）机械作业时，操作人员不得擅自离开工作岗位或将机械交给非本机操作人员操作。严禁无关人员进入作业区和操作室。工作时，思想要集中，严禁酒后操作。

8）对作业两班以上的机械设备均须实行交接班制，操作人员要认真填写交接班记录。

9）机械进入作业地点后，施工技术人员应向机械操作人员进行施工任务及安全技术措施交底。操作人员应熟悉作业环境和施工条件，听从指挥，遵守现场安全规定。

10）现场施工负责人应为机械作业提供道路、水电、临时机棚或停机场地等必需的条件，并消除对机械作业有妨碍或不安全的因素。夜间作业必须有充足的照明。

11）在有碍机械安全和人身健康的场所作业时，应采取相应的机械设备安全措施，必须为操作人员配备适用的安全防护用品。

12）当使用机械设备与安全发生矛盾时，应首先服从安全要求。

3.1.2 施工机械的安全防护措施

1）施工组织设计中应包括施工机械使用过程中的定期检测方案。

2）施工现场应有施工机械安装、使用、检测、自检记录。

3）塔式起重机的路基和轨道的铺设、起重机的安装必须符合相关标准及原厂使用规定，并办理塔式起重机验收手续，经检验合格后，方可使用。使用中，要定期对其进行检测。

4）塔式起重机的安全装置（四限位、两保险）必须齐全、灵敏、可靠。

5）施工电梯的地基、安装和使用须符合原厂使用规定，并办理施工电梯验收手续，经检验合格后，方可使用。使用中，要定期对其进行检测。

6）施工电梯的安全装置必须齐全、灵敏、可靠。

7）对卷扬机必须搭设防砸、防雨的专用操作棚，固定机身必须设牢固地锚，传动部分必须有安装防护罩，导向滑轮不得用开口拉板式滑轮。

8）操作人员离开卷扬机或作业中停电时，应切断其电源，将吊笼降至地面。

9）氧气瓶不得暴晒、倒置、平放，禁止沾油。氧气瓶和乙炔瓶工作间距不得小于 5m，两种瓶与焊炬处的距离不得小于 10m。施工现场内严禁使用浮桶式乙炔发生器。

10）砂轮机应使用单向开关。砂轮必须装设不小于 180° 的防护罩和牢固的工件托架。严禁使用不圆、有纹裂或磨损剩余部分不足 25mm 的砂轮。

11）台钻工作台夹具必须完好，皮带防护罩必须完好，严禁手持工件操作台钻。

12）吊索具必须使用合格产品。

①应根据钢丝绳用途保证其有足够的安全系数。凡表面磨损、腐蚀、断丝超过标准的，打死弯、断股、油芯外露的钢丝绳均不得使用。

②吊钩除正确使用外，应有防止脱钩的保险装置。

③在使用卡环时，应使销轴和环底受力。吊运大模板、大灰斗、混凝土斗和预制墙板等大件时，必须用卡环。

3.2 机械伤害事故应急准备

3.2.1 项目部对进场设备安装及机械操作人员进行安全教育和培训，认真讲解机械设备的性能与特点、机械设备维修规章制度及发生紧急情况时的急救措施和报告办法，做好培训记录。

3.2.2 必要时应为重大机械设备购买保险。

3.2.3 工程技术部建立合格的设备租赁商 / 供应商名册，随时了解其货源情况，以备施工不时之需。

3.3 机械伤害事故应急程序

3.3.1 接到事故报告后,应急指挥人员第一时间赶赴现场,组织救援工作,及时抢救受伤人员。

3.3.2 对伤亡人员按人员伤亡事故应急规定处理。

3.3.3 应急小组应踏勘现场，调查取证，保护现场，根据机械设备损坏情况提出处理方案，报项目部技术负责人批准后实施。

3.4 恢复生产

项目部按批准的处理方案，将损坏的机械设备撤出并清理现场；项目部应急小组紧急调运相应机械设备，以保证施工正常运行。

项目部对事故应按“四不放过”的原则进行处理。

4 触电事故应急救援处置方案

4.1 触电事故预防措施

为确保施工现场用电安全，防止触电事故的发生，保证工人的人身安全及施工的顺利进行，触电事故预防措施如下。

4.1.1 必须针对现场临时用电编制施工组织设计，内容要翔实、科学、合理。

4.1.2 现场采用三相五线制接零保护系统，各种机械的金属外壳必须采取可靠的接零保护，手持式电动工具的使用必须符合国标的有关规定，工具的电源线、插头的插座要完好无损，电源线不得任意接长和调换，维修和保管由专人负责。

4.1.3 施工现场的配电线路按规定使用绝缘导线架设整齐，不得架在树木和脚手架上，不得成束架设，严禁使用塑料线和软绞线，电缆不得沿地面明敷设，应采用埋地方式敷设。各类施工活动应与内、外线路保持安全距离，达不到安全距离时必须采取可靠的防护和监护措施。

4.1.4 现场实行分级配电。各类配电箱、开关箱外观要完整、牢固、美观，有防雨、防砸措施，箱体外涂安全色标，统一编号；箱内电气元件完好无损，选型定值合理，开关电器应标明用途，并在电箱正门内绘有接线图。必须做到“一机一箱一闸一漏电保护器”，在采用接零保护的同时，必须设两级漏电保护装置，漏电动作电流总箱和分配电箱不大于 100mA，开关箱不大于 30mA，额定动作时间不大于 0.1s。

4.1.5 现场金属架或金属构筑物和各种高大设施必须按规定装设避雷装置。

4.1.6 现场照明必须按规定布线，与动力线路分路设置。按规定装设灯具，并在电源侧加漏电保护器，在特殊场所必须按规定使用安全电压照明器。

4.1.7 电焊机应单独设防触电开关，电焊机外壳应做接零保护，一次线长度不应大于 5m，二次线长度不应大于 30m。电焊机两侧接线应压接牢固，并安装可靠的防护罩。电焊把线应双线到位，并有防埋、防浸、防雨、防砸措施，交流电焊机要装设专用防触电保护装置。

4.1.8 安装、维修或拆除临时用电设施，必须由电工完成，非电工人员不得任意动用电气设备。

4.1.9 现场电工必须持证上岗，设一名专职电工每天上班检查线路及电气的使用情况，发现问题立即整改，并做好检查和维修记录。

4.1.10 施工现场临时用电设施和器材应有产品合格证，必须经过国家专业检测机构认证。

4.1.11 各班组长做好工人班前教育工作，根据具体施工情况讲明施工中的用电注意事项。

4.2 触电事故应急救援

施工现场若发生触电事故，项目部应组织救援小组救援，按照事故报告制度进行报告，应根据现场实际情况采取有效现场救援措施。

4.2.1 脱离电源

当发现有人触电时，不要惊慌，首先尽快切断电源，再根据现场具体条件，果断采取适当的方法和措施，一般有以下几种方法和措施。

1）如果开关或按钮距离触电地点很近，应迅速关闭开关，切断电源，并准备充足的照明，以便进行抢救。

2）如果开关距离触电地点很远，可用绝缘手钳或用有干燥木柄的斧、刀、铁锹等把电线切断。注意：应切断电源侧（即来电侧）的电线，且切断的电线不可触及人体。

3）当导线搭在触电人身上或被压在身下时，可用干燥的木棒、木板、竹竿或其他带有绝缘柄（手握绝缘柄）的工具，迅速将电线挑开。注意：千万不能使用任何金属棒或湿的东西去挑电线，以免救护人触电。

4）如果触电人的衣服是干燥的，而且不是紧缠在身上的，救护人员可站在干燥的木板上，或用干衣服、干围巾等把自己的一只手做严格绝缘包裹，然后用这只手拉触电人的衣服，将其拉离带电体。注意：千万不要用两只手、不要触及触电人的皮肤、不可拉触电人的脚，且这种方法只适于低压触电抢救，绝不能用于高压触电抢救。

5）如果人在较高处触电，必须采取保护措施防止切断电源后触电人从高处摔下。

4.2.2 伤员脱离电源后的处理

1）触电伤员如神志清醒，应使其就地躺开，严密监视其情况，暂时不要令其站立或走动。

2）触电者如神志不清，应使其就地仰面躺开，确保其气道通畅，并用 5s 的时间间隔呼叫触电者或轻拍其肩部，以判断触电者是否丧失意识。禁止摆动触电者头部呼叫触电者。坚持就地正确抢救，并尽快联系医院对其进行抢救。

3）呼吸、心跳情况判断

触电者如意识丧失，应在 10s 内用看、听、试的方法判断触电者呼吸情况。看：看触电者的胸部、腹部有无起伏动作。听：耳贴近触电者的口，听有无呼气声音。试：试测触电者口鼻有无呼气的气流，再用两手指轻试其一侧喉结旁凹陷处的颈动脉有无搏动。

若看、听、试的结果为既无呼吸又无动脉搏动，可判定其呼吸心跳已停止，应立即用心肺复苏法对其进行抢救。

4）根据伤者伤情采取有效救援措施的同时，应拨打120急救电话，求助外部正规支援。

5 台风应急救援处置方案

台风是沿海地区常见的自然现象。由于它的不受控制性和巨大的破坏性，其常造成严重的经济损失和人员伤亡。对在建工程，台风更容易造成严重威胁。在台风季节，必须考虑针对台风的应急措施，以预防恶性事故的发生，以及考虑一旦发生事故，如何将事故影响控制在最小范围内。

制订台风应急方案应与当地的应急救援部门和气象服务中心紧密联系，项目部根据政府气象服务部门提供的气象信息和指导，提前在台风警报发布24~48h内采取适当的行动措施。应急小组需要根据预报的台风种类、强度、登陆点确定相应的应急行动措施。

由于台风会影响工作、生活、交通等各个方面，项目部每个部门都应在台风到来前部署好应急行动，以保证人员安全。

5.1 台风应急准备

5.1.1 依据从难、从严的原则，结合在建工程实际，制订防台风工作预案，落实好台风袭击时恶劣条件下的各项应急措施。

5.1.2 预案应在台风前宣传落实到位，做到人人皆知。

5.1.3 依靠自身力量，做好各项防台风准备工作。

5.1.4 当地气象部门发布台风消息后，应急机构应加强值班，要指定专人负责收听、记录气象信息，观测潮位、水位直至台风消息停发为止。

5.1.5 负责收听的人员随时向领导和有关部门汇报。

5.2 台风警报（48h内台风可能影响本地）发布后

5.2.1 应急小组领导亲自参加值班，密切注意台风动向及潮位、水位情况，部署落实防范措施。

5.2.2 项目部组织抢险分队对重点工程和可能遇险工段进行检查，进一步落实抢险措施。

5.3 台风紧急警报（24h内台风可能影响本地）发布后

5.3.1 应急机构发布紧急通知，全面部署对抗台风工作。

5.3.2 应急小组长立即进入指挥岗位，包片、包段负责人到岗就位，进入抗灾第一线。

5.3.3 安全保卫巡逻队伍加强巡视检查，抢险队伍集中待命，防台风抢险物资到位。

5.3.4 有关部门做好后勤工作，并加强与当地救援部门、驻军部队的联系，随时争取支援。

5.4 台风侵袭期间

5.4.1 当出现电力、通信、交通中断等严重状况时，应急小组应果断采取措施，调动一切力量，以自救为主，减少人员伤亡和财产损失。

5.4.2 台风、暴雨高潮袭击期间，应尽量减少人员活动，以避免不必要的伤亡。

5.5 台风过后恢复工作

5.5.1 台风过境后，应立即检查损失情况，并及时向上级部门汇报，妥善处理遇险人员。

5.5.2 医疗救护组将受伤人员立即送医院全力抢救。

5.5.3 后勤部门要立即组织突击抢修受损的交通、电力、通信、供水等设施，以尽快恢复正常生产、生活。

附录5 项目部常见伤害事故应急抢救方法

针对施工现场容易发生的各类安全事故所造成的可能伤害，项目部配备临时药箱及相应的物资。一旦事故发生，项目部应急领导小组立即启动应急预案，负责指挥现场抢救工作，各小组成员按应急预案中的分工进行抢救工作，同时按本预案应急响应程序将情况上报，根据施工现场人员受伤害的程度采取相应的应急措施，安排现场紧急处理、医院治疗或抢救。

1 创伤止血急救

出血常见于割伤、刺伤、物体打击和碾伤等事故中。如伤者一次出血量达全身血量的1/3以上，生命就有危险。因此，及时止血是非常必要的。遇有这类创伤时不要惊慌，可用毛巾、纱布、工作服等立即采取止血措施。如果创伤部位有异物并不在重要器官附近，可以拔除异物，处理好伤口。如无把握，不要随便将异物拔掉，应立即将伤者送至医院，经医生检查，确定未伤及内脏及较大血管时，再拔出异物，以免发生大出血而措手不及。

2 烧伤急救

在生产过程中，有时会受到一些明火、高温物体烧烫伤害。严重的烧伤会破坏身体免疫的重要屏障，血浆迅速外渗，血液浓缩，体内环境发生剧烈变化，产生难以抑制的疼痛。面对烧伤，基本处理原则是：消灭热源、灭火、自救互救。烧伤发生时，最好的救治方法是用冷水冲洗伤口，或伤员自己将伤口浸入附近水池浸泡，防止烧伤面积进一步扩大。

衣服着火时应立即脱去，用水浇灭或就地躺下，滚压灭火。冬天身穿棉衣时，有时明火熄灭，暗火仍燃，衣服如有帽檐，应立即将其脱下或剪去，以免继续被烧伤。身上起火时不可惊慌奔跑，以免风助火旺，也不要站立呼叫，免得造成呼吸道烧伤。

烧伤经初步处理后，要及时将伤员送往附近医院做进一步检查及治疗。

3 吸入毒气急救

一氧化碳、二氧化碳、二氧化硫、硫化氢等的浓度超过允许浓度时，均能使人吸入后中毒。如发现有人中毒昏迷，救护者千万不要贸然进入现场施救，否则会引发多人中毒的严重后果。遇此情况，救护者一定要保持头脑清醒，首先对中毒区进行通风，待有害气体浓度降到允许浓度时，方可进入现场抢救。救护者施救时切记，一定要戴上防毒面具。将中毒者抬至空气新鲜的地点后，立即通知120救护车将中毒者送医院救治。

4 手外伤急救

在工作中发生手外伤时，首先采取止血包扎措施。如有断手、断肢，应立即将其拾起，用干净的手绢、毛巾、布片将其包好，放在没有裂缝的塑料袋或胶皮袋内，袋口扎紧，然后在口袋周围放冰块雪糕等降温。做完上述处理后，施救人员立即随伤员把断手、断肢送往医院，让医生进行断肢再植手术。切记千万不要在断肢上涂碘酒、酒精或其他消毒液，这样会使组织细胞变质，造成不能再植的严重后果。

5 骨折急救

骨骼受到外力作用时，发生完全或不完全断裂叫作骨折。按照骨折端是否与外相通，骨折分为两大类：闭合性骨折与开放性骨折。前者骨折端不与外界相通，后者骨折端与外界相通。从受伤的程度来说，开放性骨折一般伤情比较严重。遇有骨折类伤害，应做好紧急处理后，再将伤员送医院抢救。

为使伤员在运送途中保持安全，防止断骨刺伤周围的神经与血管组织，加重伤员痛苦，对骨折处理的基本原则是尽量不让骨折肢体活动。因此，要利用一切可利用的条件，及时、正确地对骨折做好临时固定，应注意如下事项。

5.1 如有开放性伤口和出血，应先止血和包扎伤口，再进行骨折固定。

5.2 不要把刺出的断骨送回伤口，以免感染和刺破血管与神经。

5.3 固定动作要轻快，最好不要随意移动伤肢或翻动伤员，以免加重损伤，增加疼痛。

5.4 夹板或简便材料不能与皮肤直接接触，要用棉花或代替品垫好，以防局部受压。

5.5 搬运伤员时要轻、稳、快，避免震荡，并随时注意伤员的病情变化。没有担架时，可利用门板、椅子、梯子等制作简单担架运送伤员。

6 眼睛受伤急救

发生眼伤时，可做如下急救处理。

6.1 发生轻度眼伤如眼进异物，可叫现场同伴翻开眼皮，用干净手绢、纱布将异物取出。如眼中溅入化学物质，要及时用水冲洗伤眼。

6.2 发生严重眼伤时，可让伤员仰躺，施救者设法支撑其头部，并尽可能使其保持静止，千万不要试图取出插入眼中的异物。

6.3 见到眼球鼓出或从眼球中脱出的东西，不可把它推回眼内，这样做十分危险，可能会把能恢复的眼伤弄坏。

6.4 立即用消毒纱布盖上伤眼，如没有纱布，可用刚洗过的新毛巾覆盖伤眼，再缠上布条，缠时不可用力，以不压及伤眼为原则。

做出上述处理后，立即将伤员送至医院做进一步治疗。

7 脊柱骨折急救

脊柱俗称背脊骨，包括颈椎、胸椎、腰椎等。在背部被物体打击后，有脊柱骨折的可能。对于脊柱骨折伤员，如果现场急救处理不当，容易增加其痛苦，造成不可挽救的后果。急救脊柱骨折伤员时，可用木板担架搬运，让伤员仰躺。无担架、木板时需众人用手搬运伤员，抢救者必须有一人双手托住伤员腰部，切不可单独一人用拉、拽的方法抢救伤员。否则，会把伤员的脊柱神经拉断，造成其下肢永久瘫痪的严重后果。

8 中暑急救

首先将患者迅速搬离高温环境到通风良好且阴凉的地方，解开患者衣服，用冷水擦拭其面部和全身，尤其是分布有大血管的部位，如颈部、腋下及腹股沟，可以在其上加置冰袋。给患者补充淡盐水或含盐的清凉饮料，或用电扇向患者吹风，或将患者放置在空调房间（温度不宜太低，保持在 22~25℃），同时用力按摩患者的四肢，以防止其血液循环停滞。当患者清醒后，给患者喝些凉开水，同时让其服用十滴水或人丹等防暑药品。对于重度中暑者，除立即把其从高温环境中转移到阴凉通风处外，应将患者迅速送往医院进行抢救，以免其有生命危险。

附件 24　建筑消防工程施工涉及的主要法律、法规、规范、标准和相关文件目录[①]

1 法律法规及相关标准

1) 《中华人民共和国建筑法》
2) 《中华人民共和国安全生产法》
3) 《中华人民共和国消防法》
4) 《中华人民共和国消防条例细则》
5) 《建筑工程安全生产条例》
6) 《高层建筑消防管理规则》
7) 《建筑施工安全检查标准》JGJ 59—2011
8) 《施工企业安全生产评价标准》JGJ/T 77—2010
9) 《建筑施工安全技术统一规范》GB 50870—2013
10)《建筑工程施工质量验收统一标准》GB 50300—2013
11)《建筑施工现场环境与卫生标准》JGJ 146—2013
12)《电气设备交接试验标准》GB 50150—2006
13)《声环境质量标准》GB 3096—2008
14)《浙江省建筑设备安装工程提高质量的若干意见》（2018 版）

2 设计规范

1) 《建筑设计防火规范》GB 50016—2014
2) 《综合布线系统工程设计规范》GB 50311—2007
3) 《出入口控制系统工程设计规范》GB 50396—2007
4) 《入侵报警系统工程设计规范》GB 50394—2007
5) 《安全防范工程技术规范》GB 50348—2004
6) 《城镇建设智能卡系统工程技术规范》GB 50918—2013
7) 《自动喷水灭火系统设计规范》GB 50084—2017
8) 《火灾自动报警系统设计规范》GB 50l16—2013
9) 《民用建筑电气设计规范》JGJ/T 16—2008
10)《建筑内部装修设计防火规范》GB 50222—2015
11)《泡沫灭火系统设计规范》GB 50151—2010
12)《泡沫灭火系统施工及验收规范》GB 50281—2010
13)《二氧化碳灭火系统设计规范》GB 50193—93（2010 年版）

① 统计截止日期为 2018 年 11 月 28 日。

14)《水喷雾灭火系统设计规范》GB 50219—2014
15)《气体灭火系统设计规范》GB 50370—2005
16)《气体灭火系统及部件》GB 25972—2010
17)《消防给水及消火栓系统技术规范》GB 50974—2014
18)《人民防空工程设计防火规范》GB 50098—2009
19)《建筑给排水设计规范》GB 50015—2010
20)《汽车库、修车库、停车场设计防火规范》GB 50067—20014
21)《建筑灭火器配置设计规范》GB 50140—2005
22)《汽车加油加气站设计与施工规范》GB 50156—2012（2014 年版）
23)《固定消防炮灭火系统设计规范》GB 50338—2003（2010 版）

3 施工及验收规范

3.1 电气安装
1) 《建筑电气工程施工质量验收规范》GB 50303—2015
2) 《火灾自动报警系统施工及验收规范》GB 50166—2007
3) 《电气装置安装工程施工验收规范》GB 50254—2014
4) 《智能建筑工程质量验收规范》GB 50339—2013
5) 《电气装置安装工程电缆线路施工及验收规范》GB 50168—2006
6) 《电气装置安装工程接地装置施工及验收规范》GB 50169—2016
7) 《综合布线系统工程验收规范》GB/T 50312—2016
8) 《消防通信指挥系统施工及验收规范》GB 50401—2007
3.2 给水及气体安装
1) 《自动喷水灭火系统施工及验收规范》GB 50261—2017
2) 《给水排水管道工程施工及验收规范》GB 50268—2008
3) 《建筑给水排水及采暖工程施工质量验收规范》GB 50242—2002
4) 《工业金属管道工程施工质量验收规范》GB 50184—2011
5) 《工业金属管道工程施工规范》GB 50235—2010
6) 《现场设备、工业管道焊接工程施工及验收规范》GB 50236—2011
7) 《给水排水构筑物工程施工及验收规范》GB 50141—2008
8) 《气体灭火系统施工及验收规范》GB 50263—2007
9) 《泡沫灭火系统施工及验收规范》GB 50281—2010
3.3 通风空调及人防安装
1) 《通风与空调工程施工质量验收规范》GB 50243—2016
2) 《通风与空调工程施工规范》GB 50738—2011
3) 《人民防空工程施工及验收规范》GB 50134—2004
3.4 设备安装
1) 《机械设备安装工程施工及验收规范》GB 50231—2009

2) 《压缩机、风机、泵安装工程施工及验收规范》GB 50275—2010

4 其他规范和技术要求

1) 《建筑工程管理规范》GB/T 50326—2006
2) 《工程技术施工企业质量管理规范》GB/T 50430—2017
3) 《施工现场临时用电安全技术规范》JGJ 46—2005
4) 《建筑工程施工现场供用电安全规范》GB 50194—2014
5) 《消防联动控制系统》GB 16806—2006
6) 《点型感烟火灾检测器》GB 4715—2005
7) 《点型感温火灾检测器》GB 4716—2005
8) 《火灾报警控制器通用技术条件》GB 4717—2005
9) 《沟槽式连接管道工程技术规程》CECS 151:2003
10)《建筑与市政工程施工现场专业人员职业标准》JGJ/T 250—2011
11)《防火卷帘、防火门、防火窗施工及验收规范》GB 50877—2014
12)《城市消防远程监控系统技术规范》GB 50440—2007

附件 25　协作项目部项目责任人承诺书[①]

本人________承担______________工程的安装施工现场管理工作，期间，本人承诺：工程施工管理过程中，一定按_________安装工程集团有限公司工程管理中心的管理规定，进行进度、安全、质量管理，执行国家相关法律、规范、标准和企业标准。一旦违反，愿意承担一切后果并接受公司的相关处罚。

承诺人（签字）：
身份证号：
年　月　日

① 由浙江快达建设安装工程集团有限公司编制。

附件 26　CIS 施工现场篇

1CIS 介绍

CIS（corporate identity system，企业形象识别系统）是企业对自身的文化理念、行为方式以及视觉识别进行系统革新、统一传播，以塑造出富有个性的企业形象，从而获得公众组织认可的经营战略。“形象和印象”是提升品牌的重要手段，CIS 正是塑造品牌形象的基础。

现代施工企业产品的形成，是一个从项目管理开始，到项目管理终结的循环过程。项目既是企业产品和利润来源，又是企业管理的起点与终点。因此，抓好项目管理对于提高劳动生产率、创造优质产品、获取最佳效益、提升竞争力、为顾客提供良好服务，具有重要意义。

现代建筑安装企业间的竞争，已不再单纯是产品质量和价格的竞争，更重要的是企业形象的竞争。在现代市场营销中实施 CIS 战略，建立鲜明的企业形象，是增强企业竞争力的强有力手段。当今世界上所有著名的大公司和名牌产品，无一不是在 CIS 竞争中取得过卓越成就的。

参考当前国内知名度较高的建筑安装企业的 CIS，结合公司实际，定制 CIS 施工现场篇，先期在公司重点项目及影响力较大的项目上开展，树立公司文明施工形象，再逐步在公司所有项目上推广实施。

在项目上实施 CIS，对于树立企业形象、站稳市场、提升文化品位具有重要意义。这样不仅可以提高企业竞争力，增强企业凝聚力，更好地适应业主及政府监管部门的需求，还能优化企业信息的传播效果。

CIS 对企业来说是一次变革，变得是每个员工的大脑，变得是每个员工的思想和行为。

随着公司的不断壮大，合作单位不断增多，积极拓展建筑市场，向多领域、高效益转型，有必要统一项目 CIS。项目 CIS 的统一，在市场上犹如军团作战——整齐协调，视觉冲击力更强、感染力更大、影响力更广、广告累积效应更深。

2 项目部办公室布置

2.1 办公室名牌

铭牌尺寸为 120mm × 300mm，分为上、下两部分。上部为公司标志，朱红底，白色字；下部为办公室名称，如项目经理室、综合办公室、会议室等，深蓝底，白色字，黑体加粗。

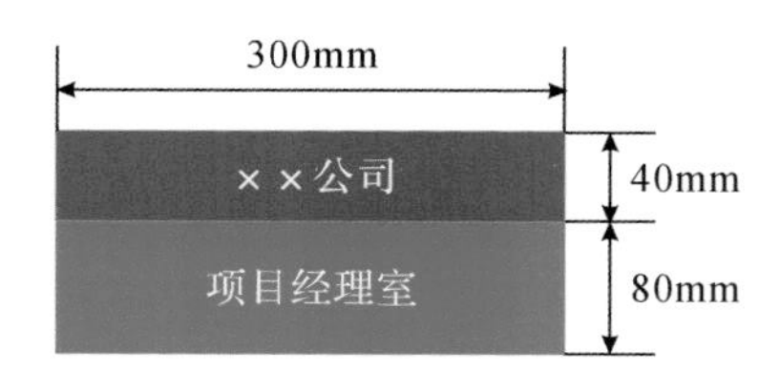

办公室名牌制作标准

2.2 办公桌名牌

名牌尺寸为 80mm × 160mm，分为左右两部分。左部为公司标志，朱红底，白色字；右部为员工信息（姓名及岗位），深蓝底，白色字，黑体加粗。名牌架采用亚克力透明板制作，独立办公桌上的名牌采用立式架，组合办公桌上的名牌采用挂式架。

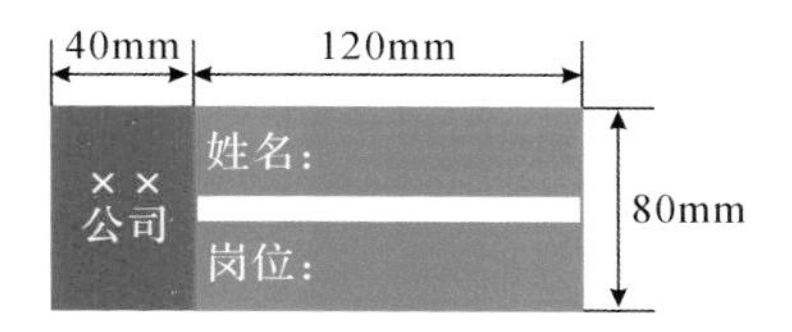

办公桌名牌制作标准

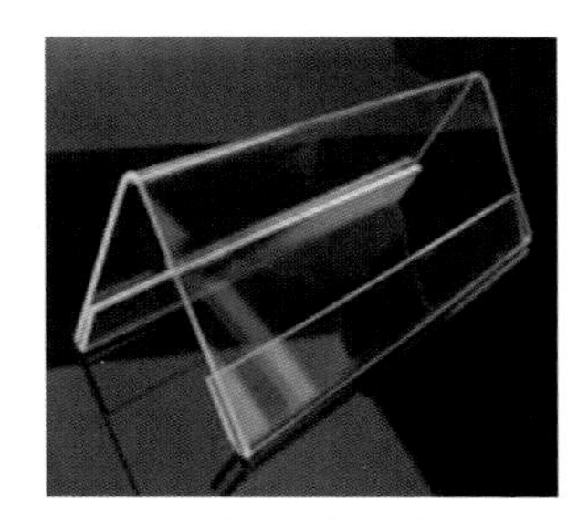

办公桌名牌立式架

办公桌名牌挂式架

2.3 办公室上墙图牌

按办公室的性质，相应的岗位责任牌、工程进度表、施工晴雨表需上墙。

项目经理办公室需悬挂图牌，包括公司“三合一”管理方针、项目部经理责任制、项目技术负责人责任制、工程进度表、施工晴雨表等。

项目综合办公室需悬挂图牌，包括公司“三合一”管理方针、施工员责任制、质检员责任制、安全员责任制、材料员责任制、资料员责任制、班组长责任制、工程进度表、施工晴雨表等。项目综合办公室如有若干间，需按办公人员性质悬挂相应图牌。

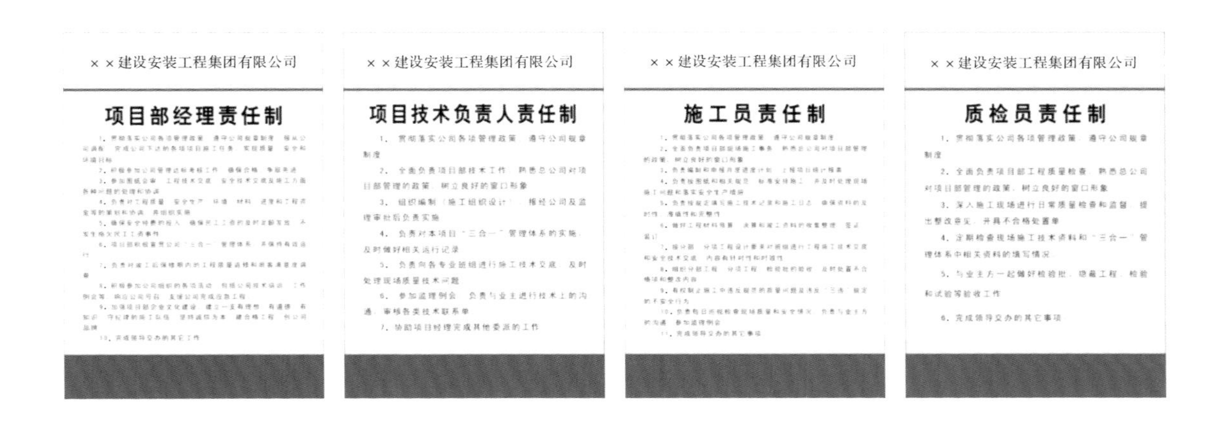

××建设安装工程集团有限公司

安全员责任制

1. 贯彻落实公司各项管理政策，遵守公司规章制度。

2. 全面负责项目部安全监督工作，熟悉总公司对项目部安全管理的政策，树立良好的窗口形象。

3. 按照施工现场实际情况，督促各项安全方案和措施的实施。

4. 每日开展安全巡检，发现安全隐患及时消除，发生安全事故立即上报，对需限期整改的开具不合格处置单并验证。

5. 在项目部经理领导下做好对员工的三级安全教育和培训，开展安全宣传活动。

6. 完成领导交办的其它事项。

××建设安装工程集团有限公司

材料员责任制

1. 贯彻落实公司各项管理政策，遵守公司规章制度。

2. 全面负责项目部材料管理事项，熟悉总公司对项目部管理的政策，树立良好的窗口形象。

3. 在项目部经理的委托下，在合格供方范围内负责工程所有材料设备的采购工作。

4. 依据现场材料计划和工程进度及时组织进货和验收，杜绝不合格品投入使用，现场配合监理验证。

5. 及时与物资、财务、质检等部门沟通，并接受监督和检查。

6. 完成领导交办的其它事项。

××建设安装工程集团有限公司

资料员责任制

1. 贯彻落实公司各项管理政策，遵守公司规章制度。

2. 全面负责项目部资料收集、整理、编制、装订、存档等工作，熟悉公司对项目部资料管理的要求和方法，负责与业主、总包、监理等相关方的资料流转、移交等工作。

3. 依据国家标准和公司规定，对各专业工种的交工技术资料进行催缴、初审、汇总、签证后交项目技术负责人审核。

4. 负责上下级及公司内外文件的收发、登记、保管等事宜。

5. 完成领导交办的其它事项。

××建设安装工程集团有限公司

班组长责任制

1. 遵守公司规章制度。

2. 全面负责本班组生产施工的组织和指挥工作。

3. 参加工程项目的图纸会审，并参与施工组织设计和施工方案的制定，熟悉图纸和设计要求。

4. 会同工程技术人员对本班组按施工进度计划、图纸要求和设计要求进行技术交底。

5. 组织指挥各班组按施工进度计划、图纸要求和设计要求进行施工，对每一分项分部工程完工组织自检，对不符合施工规范和验收标准的进行返工，直到合格为止，对下道工序的施工必须经过验收合格才能进行。

6. 施工前必须做好有针对性的安全教育技术交底工作，交底人与被交底人必须亲自签名，并保留交底记录。

7. 指导机具设备操作专管员管理好各种设备，确保施工机具设备处于良好状态。

8. 节约使用材料，做好零星材料的充分利用，工程竣工后及时组织人员做好设备、周转材料的入库、维修。

9. 根据总包要求，开展施工现场的安全生产、文明施工标准化活动。

10. 完成领导交办的其它事项。

岗位责任牌

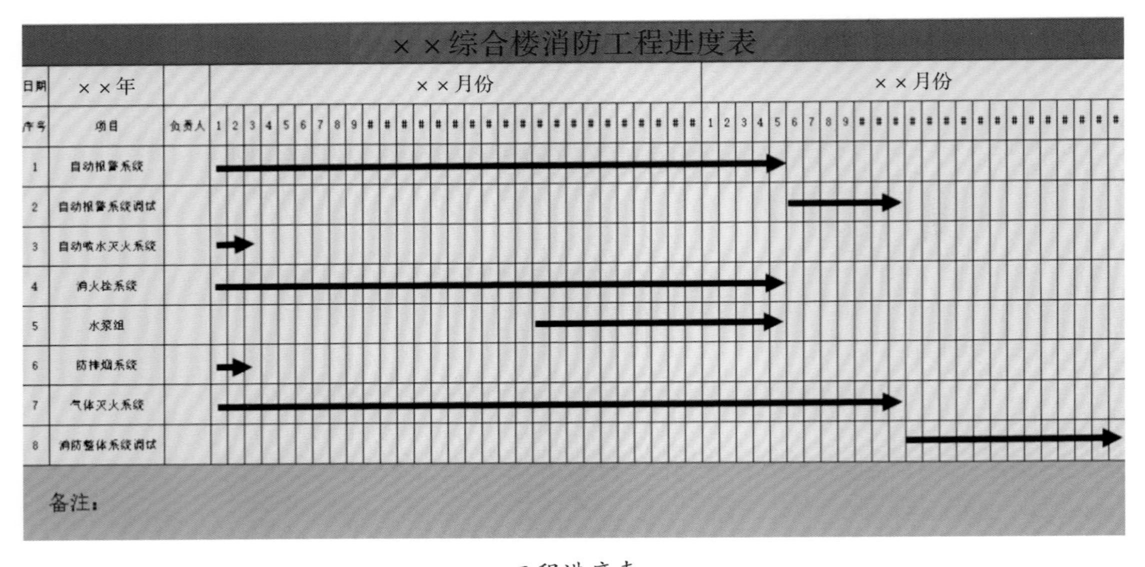

××综合楼消防工程进度表

日期	××年		××月份	××月份
序号	项目	负责人	1 2 3 4 5 6 7 8 9 #	1 2 3 4 5 6 7 8 9 #
1	自动报警系统			
2	自动报警系统调试			
3	自动喷水灭火系统			
4	消火栓系统			
5	水泵组			
6	防排烟系统			
7	气体灭火系统			
8	消防整体系统调试			

备注：

工程进度表

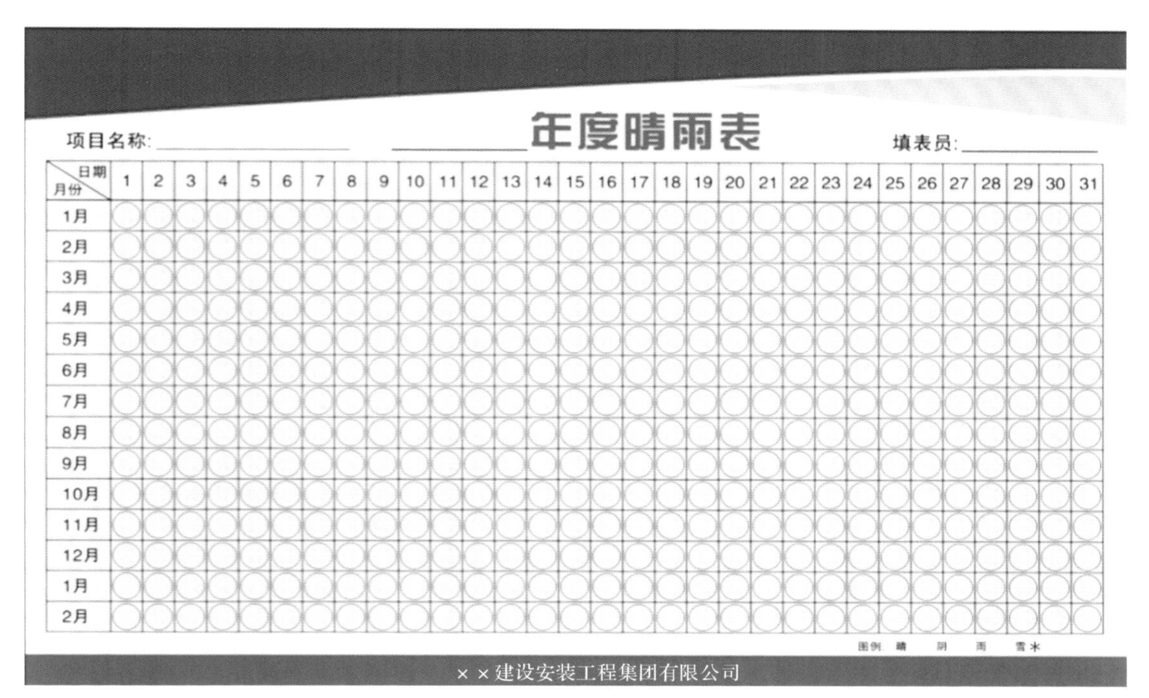

年度晴雨表

项目名称：________ 填表员：________

日期 月份	1	2	3	4	5	6	7	8	9	10	11	12	13	14	15	16	17	18	19	20	21	22	23	24	25	26	27	28	29	30	31
1月																															
2月																															
3月																															
4月																															
5月																															
6月																															
7月																															
8月																															
9月																															
10月																															
11月																															
12月																															
1月																															
2月																															

图例 晴 阴 雨 雪

××建设安装工程集团有限公司

施工晴雨表

2.4 文件资料柜及施工图纸集中放置

项目办公室统一采购成品文件柜用于存放施工资料，文件柜要求上部透明（玻璃门）、下部封闭（薄铁皮门），文件柜需有标识（标出资料的类型）。

文件资料柜实体

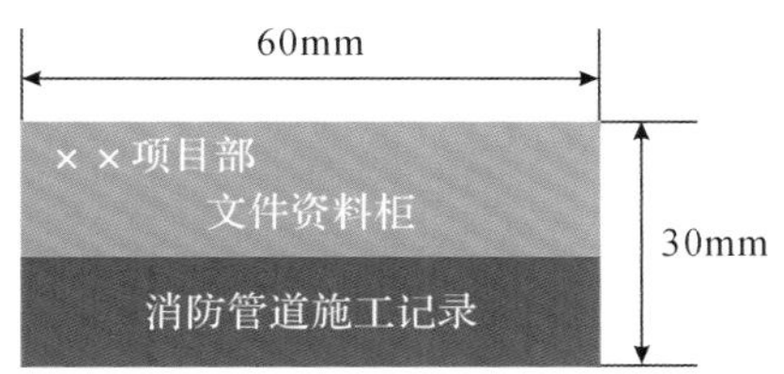

文件资料柜标识样板

项目施工图纸种类众多且量大，它们是施工的依据，必须妥善保管。要求采用既能存放图纸又便于拿取图纸的图架，图架层数及大小尺寸可根据施工图的总数量确定。

施工图存放图架（货架）示例

3 项目部会议室布置

项目部会议室是展示公司及项目部形象的窗口。在条件允许的情况下，项目部应设置现场会议室。会议室一般不小于 10m × 5m，要通透性好、实用、简洁、大方。会议室须配备必要的办公用具、投影仪及幕布，墙面上的具体布置要求如下。

（1）主墙面：公司标记（LOGO）及名称（全称）。

（2）后墙面：项目质量管理框图、组织机构图、安全管理框图。

（3）侧墙面 1：质量目标、安全文明标准化管理目标、现场施工进度表。

（4）侧墙面 2：公司“三合一”管理方针、项目管理宗旨、项目总平面图。

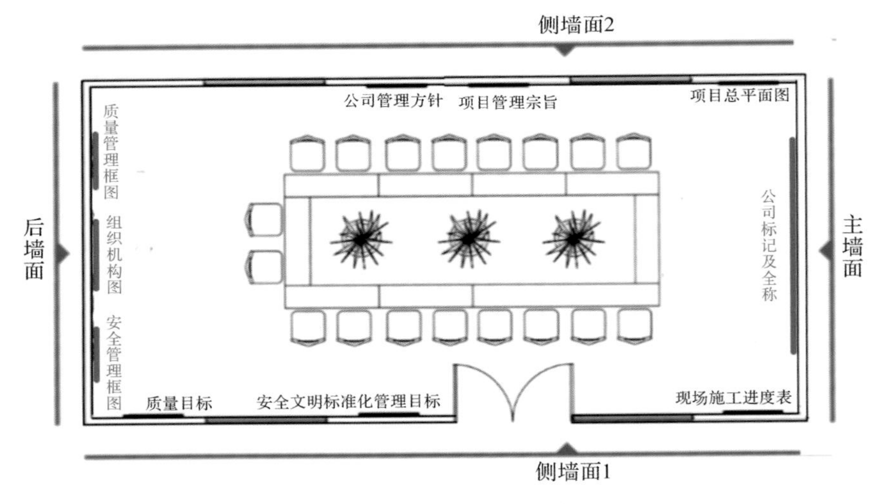

项目部会议室布置示意

4 现场仓库

4.1 室内仓库

现场室内仓库须悬挂仓库管理员（材料员）岗位责任牌。其余要求参见第 2.1.3 节第 2 条。

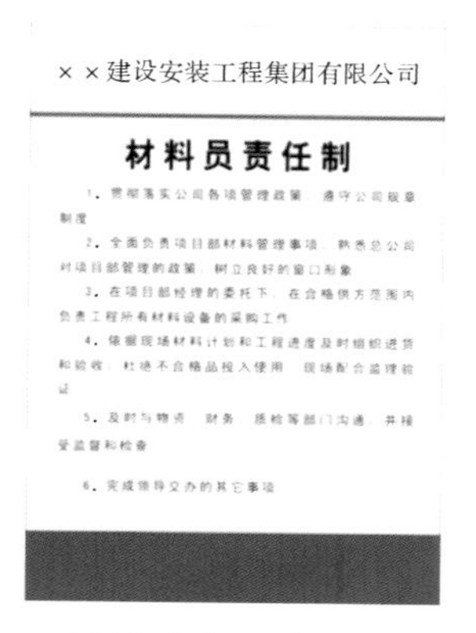

材料员岗位责任牌

4.2 危险品仓库

施工中使用的油漆、松香水、氧气、乙炔等属于危险品的物资，须按危险品存放要求单独设库放置，库房须有警示标识，配置消防灭火器。

存放油漆、松香水等具有挥发性的危险物资的库房，须是下部封闭、上部设有通风窗口的库房，该库房如设有照明，须安装防暴型灯具及开关；存放氧气瓶、乙炔瓶的库房，可以采用防雨格栅式库房，但氧气瓶、乙炔瓶两者须隔离 10m 以上的距离。

油漆类仓库示意

氧气瓶存放库房　　乙炔瓶存放库房

4.3 室外材料堆场

基本要求参见第 2.1.3 节第 2 条。

材料标识牌的要求如下。

（1）摆放或悬挂于施工现场管件区、半成品区、材料堆放区或摆放区。

（2）落地式材料标识牌：宽 × 高为 400mm × 300mm；采用铝塑板或镀锌薄钢板制作，底为白色，字为蓝色，标注公司名称；底座为钢板（圆形或方形），立柱为钢管或圆钢，刷防锈漆及灰色面漆。

（3）悬挂式材料标识牌：宽 × 高为 200mm × 150mm；采用铝塑板或镀锌薄钢板制作，底为白色，字为蓝色，悬挂于货层横杆上。

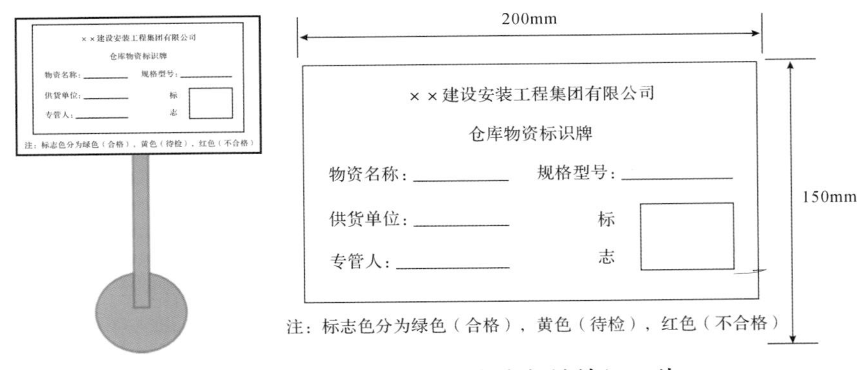

落地式材料标识牌　　悬挂式材料标识牌

现场材料堆放实景

5 现场制作加工区

相关要求参见第 2.1.3 节第 1 条。

6 施工配电

6.1 施工配电箱的配置及标识

相关要求参见第 2.1.1 节内容。

6.2 施工设备配电

（1）每台电动施工设备（电焊机、切割机、套丝机、台钻、空压机、剪板机、折边机等）均应单独配备专用开关箱（三级配电箱），单机开关箱宜安装牢固，开关箱支架刷红白相间警戒色。

（2）固定设备采用固定式开关箱，开关箱箱体中心距地面垂直高度为 1400~1600mm。移动设备开关箱安装在支架上，支架可固定在设备外壳或设备吊笼上。

（3）设备电源线应穿管保护。固定设备水平电源线采用 PVC 电管敷设保护，PVC 管直径为电源线直径的 1.5 倍。

（4）设备距离开关箱水平距离不得大于 3000mm。

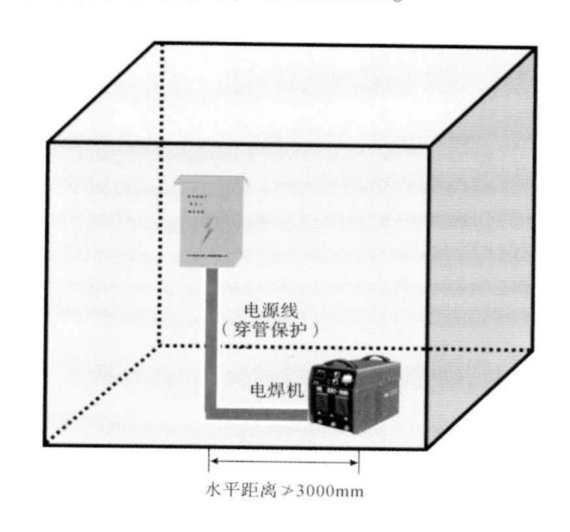

施工设备配电示意

6.3 施工照明

（1）室内配线必须采用绝缘导线或电缆；室外配线必须采用电缆。

（2）室内线路必须沿墙敷设，且主干线高度不得低于 2.5m；室外线路必须穿管保护、埋地敷设或架空敷设。

（3）电缆采用角钢支架、瓷瓶绝缘子固定，绝缘线要绑扎。

（4）潮湿或灯具高度低于 2.5m 等场所的照明，电源电压不应大于 36V。

（5）照明开关箱内须装设隔离开关及短路、过载、漏电保护电器。

（6）局部照明可采用移动式灯架，灯具金属外壳与 PE 线连接。

（7）施工现场慎用碘钨灯照明。如若使用碘钨灯照明，必须使用安全型灯架，灯架及灯杆金属部位必须接地可靠，且安装高度宜在 3.0m 以上，与易燃物距离宜大于 500mm。

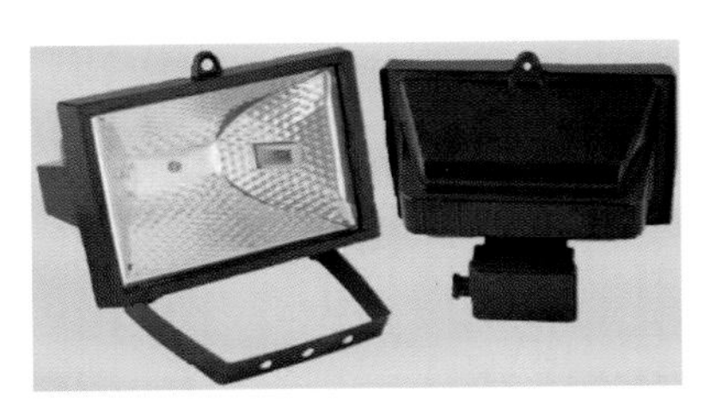

安全型碘钨灯灯架，可用于室外

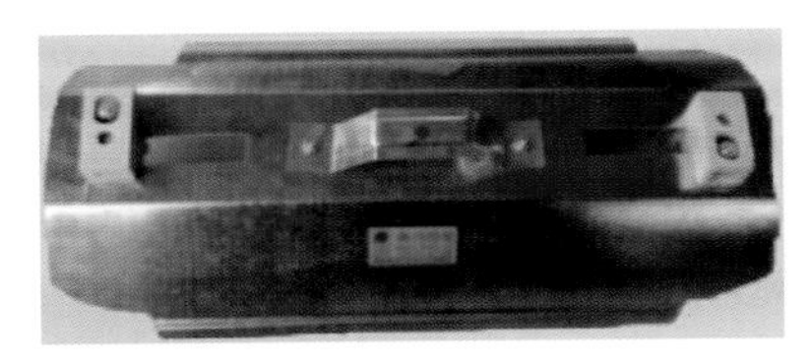

简易型碘钨灯灯架，严禁用于室外
注：连接电源线的螺栓严禁外露

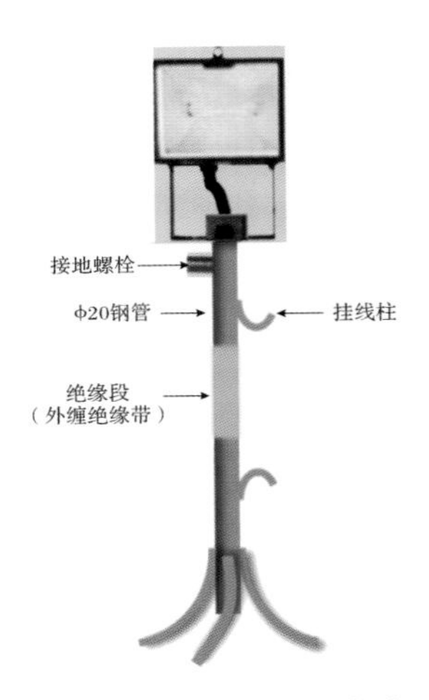

现场照明碘钨灯应用参考图
注：灯罩外壳及灯杆应接地

7 施工机具

（1）施工现场的机械设备（电焊机、切割机、套丝机、台钻、金属风管加工机械等）性能应无缺陷，外观完整且整洁。

（2）须建立机具设备使用、维修、保养台账，确保机具设备正常工作。

（3）每台机具设备应挂牌标识，设备名称、型号、规格、编号、专管人、状态须一目了然。

（4）机具设备使用场所须悬挂相应设备安全操作规程牌。

机械设备管理牌样式参见第 2.1.3 节第 2 条。

电焊机安全操作规程

1. 电焊机和电源要符合用电安全负荷用电，禁止使用铜丝、铁丝代替保险丝。
2. 电焊机要有良好的接地，露天使用时要采取防雨措施。
3. 焊接线要安装牢固，安装时不要把正负极装错。
4. 下列场所或设备容器内等禁止焊接操作：
①生产、使用、储存化学危险品的场所或其他严禁烟火的场所。
②焊接场所的可燃物未经清除或未采取安全措施处理。
③盛装过可燃气体和易燃液体的设备容器未经彻底洗涤处理。
④建筑工地未清理现场或无人监视，未准备灭火器材。
5. 电焊完毕后，要切断电源，并进行安全检查。

电焊机安全操作规程牌

套丝机安全操作规程

1. 在工作前应检查电动机的绝缘和接地情况是否良好；在露天的机械的电动机应设防雨罩。
2. 工作开始时应先空转试车，检查机械各部件有无异常情况，发现问题及时修理，机械不得“带病”使用。
3. 操作机械的倒顺开关应安在最方便操作的位置，应经常检查转扭有无漏电情况。
4. 套丝时应停车带扣（植入螺丝板），避免发生工伤事故。在套丝时，螺丝板与压力板的最小控制距离不得小于10mm。
5. 套螺栓时必须随时加润滑油，操作人员不得戴手套。
6. 完工后应拉闸断电并将铁清理干净，去掉机械上的油污以保持机械的整洁。

套丝机安全操作规程牌

砂轮切割机安全操作规程

1. 在切割机启动前，应对电源闸刀开关、砂轮片的松紧度、防护罩或安全挡板进行详细检查，操作台必须稳固，夜间作业应有足够的照明，待确认安全后才允许启动。
2. 机械运转正常后，方准断料，断料时紧靠切割机的一头必须用夹具夹紧，然后手握切割机加力手把缓慢地向下加力，不能在初割时突然加力，以免损坏切割砂轮片和避免砂轮片飞出伤人。
3. 切割25cm左右的短钢筋料时，需用夹具夹紧，不准用手直接送料，切割长钢筋时另一头需有人扶助，操作时动作要一致，不得随意拖拉，再切割料时，操作切割机人员不能正面对准砂轮片，需站在侧边，非操作人员不得在附近停留，以免砂轮片碎裂时飞出伤人。
4. 切割工作完毕应关闸断电，锁好箱门，露天作业的应做好防雨措施。
5. 不准以切割机代替砂轮机从事打磨作业。

砂轮切割机安全操作规程牌

剪板机安全操作规程

1. 工作前
①做空运转试车前，应先用人工盘车一个工作行程，确认正常后才能开动设备。
②有液压装置的设备，检查储油箱油量是否充足。启动油泵后检查阀门、管路是否有泄漏现象，压力应符合要求。打开放气阀将系统中的空气放掉。
2. 工作中
①不准剪切叠合板料，不准修剪毛边板料的边缘，不准剪切压不紧的狭窄板料和短料。
②刀板间的间隙应根据板料的厚度来调正，但不得大于板厚的1/30。刀板应紧固牢靠，上、下刀板面保持平行，调正后应用人工盘车检验，以免发生意外。
③刀板刃口应保持锋利，如刃口变钝或有崩裂现象，应及时更换。
④剪切时，压料装置应牢牢地压紧板料，不准在压不紧的状态下进行剪切。
⑤有液压装置的设备，除节流伐外其他液压阀门不准私自调正。
3. 工作后
工作结束后，应将上刀板落在最下位置上。

剪板机安全操作规程牌

空压机安全操作规程

1. 输气管应避免急弯，打开送风阀前，必须事先通知工作地点的有关人员。
2. 空气压缩机出气口处不准有人工作，储气罐放置地点应通风，严禁日光曝晒和高温烘烤。
3. 压力表、安全阀和调节器等应定期进行校验，保持灵敏有效。
4. 在机器运行中，要时刻注意运转情况，一旦发现异常状况要立即关闭停车检查，待排除后方可继续工作。
5. 皮带轮必须安装有效的安全防护罩。
6. 工作时，操作人员不准擅自离岗。
7. 严禁用汽油或煤油洗刷曲轴箱、滤清器或其他空气通路零件。
8. 停车时应先降低气压。
9. 要保持空压机和动力系统的外部清洁。机房内要保持整洁，不得堆放其他货物。

空压机安全操作规程牌

台钻安全操作规程

1. 操作前，检查台钻各个传动部位的运转情况。安全设施是否完好，周围安全通道是否通畅。
2. 钻活时袖口要扎紧，带好帽子，不准带手套操作。
3. 工作物不论大小，必须卡好后方可工作。
4. 小台钻上钻小活时，应用虎钳卡夹或用压板压住，不准用手拿着钻。
5. 台钻的圆盘要及时上紧，不可疏忽，钻较薄的工作物时，需垫木板。钻深孔时，要经常提钻引屑，并加大冷却液，防止折断钻具。
6. 钻眼时，必须用手握住钻杆的起落把，以免临时升降转头。
7. 钻眼时，不要用力过猛，尤其是将要钻透时更要注意，以免发生危险。
8. 台钻停止运转后，方可装卸工件及钻头。
9. 台钻运转中，严禁用手摸钻头的锋刀及拿破布头擦钻床的铁屑，更不允许用嘴吹钻出的金属物。钻头上绕有长铁销，停车后用刷子或铁钩清除。
10. 攻细纹时应将手动进给手轮闭锁。
11. 使用自动走刀时，要选好给进速度，调整好行程限位装置，手动给进时，要遵照逐步增压和减压的原则，以免用力不当造成事故。
12. 工作结束后，将横臂降到最低位置，主轴箱靠近立柱，并且都要卡紧。同时，切断电源，保持清洁。

台钻安全操作规程牌

砂轮机安全操作规程

1. 安装前应做外观检查，鉴定有无内伤，砂轮孔眼与轴径是否匹配，不宜过大（小）以确保使用安全。
2. 砂轮不宜夹得过紧或过松，装完复查无误后，空转一段时间无异常方可使用。
3. 砂轮机应按标定方向转动，禁止逆转，应有专人检修。用前应空转1～5分钟。人员需戴护目镜站在侧面操作，禁止两人同时共用一台砂轮机，用完应及时关机。
4. 磨削时忌用力过猛，小工件应用钳夹牢，防伤手或卡住砂轮。砂轮未退离工件时，不得停止砂轮转动。
5. 不准用手抬着笨重件研磨，应将其固定。禁用带子、棉纱缠在工件上磨削，以防绞伤。
6. 启动前应对电源闸刀开关、砂轮片的松紧度、防护罩进行详细检查，场地应有足够的照明，待确认安全后才允许启动。

砂轮机安全操作规程牌

手持电动工具安全操作规程

1. 外壳、手柄应无裂缝、破损，保护接地连接正确、牢固可靠，电缆软线及插头等完好无损，开关动作正常，电气保护装置良好，机械保护装置齐全。
2. 启动后，空载运转并检查工具联动是否灵活。
3. 手持电动工具应有防护罩，操作时加力要平稳，不得用力过猛。
4. 严禁超负荷使用，随时注意音响、温升，发现异常应立即停机检查，作业时间过长时，应经常停机冷却。
5. 作业中，不得用手触摸刀具、模具等，如发现破损应立即停机修理或更换后再行作业。
6. 机具运转时不得撒手。

手持电动工具安全操作规程牌

电动葫芦安全操作规程

1. 起吊前应检查设备的机械部分，钢丝绳、吊钩、限位器等应完好，检查电器部分应无漏电，接地装置应良好。每次吊重物时，在吊离地面10cm时应停车检查制动情况，确认完好后方可进行工作。露天作业应设置防雨棚。
2. 不准超载起吊，起吊时手不准握在绳索与物体之间，吊物上升时，严防冲撞。
3. 起吊物体要捆扎牢固，并捆扎在重心。吊重行走时，重物离地不要太高，严禁重物从人头上越过，工作间隙不得将重物悬在空中。
4. 电动葫芦在起吊过程中有异味、高温应立即停车检查，找出原因，处理后方可继续工作。
5. 电动葫芦钢丝绳在卷筒上要缠绕整齐，当吊钩放在最低位置，卷筒上的钢丝绳应不得少于3圈。
6. 使用悬挂电缆电气开关启动，绝缘必须良好，滑动必须自如，并正确操作电钮和注意人的站立位置。
7. 在起吊中，由于故障造成重物下滑时，必须采取紧急措施，向无人处下放重物。
8. 起吊重物必须做到垂直起升，不许斜拉重物，起吊物重量不清的不吊。
9. 在工作完毕后，电动葫芦应停在指定位置，吊钩升起，并切断电源。

电动葫芦安全操作规程牌

手拉葫芦安全操作规程

1. 工作前要认真检查手拉葫芦有无缺陷和损坏，保证其灵活可靠，如有问题，严禁使用。
2. 吊挂点必须牢固可靠，挂葫芦时要挂稳挂牢，防止起吊后发生事故。
3. 拉链时要观察好周围有无障碍物，在高处拉链时，脚要站稳、站牢，两人拉链时要相互配合一致。
4. 起重时，不准超负荷，多葫芦起吊，每个葫芦的额定负荷不得小于其计算负荷的1.5倍，避免因其他葫芦失灵造成超负荷而发生事故。
5. 起吊重物时，拉链如果拉不动或卡住，不准强拉，要及时检查处理，必要时更换葫芦替吊后卸下修理。

手拉葫芦安全操作规程牌

8 现场标识标牌

施工现场存在较多危险源，识别危险源并给予提醒，是确保施工安全的重要措施。规范标准的标识标牌，可以给施工人员安全警示，也可以展示公司的标准化施工现场管理。

8.1 一般要求

（1）施工现场安全标志牌形式、内容及使用应符合《安全标志及其使用导则》（GB 2894—2008）要求。

（2）安全标识标牌采用镀锌薄板（有触电危险的作业场所应使用绝缘材料）、PVC 板或铝塑板制作。

（3）安全标识标牌应设置于明亮、醒目处；设置的高度应尽量与人眼的视线高度一致。

（4）多个安全标识标牌设置在一起时，应按警告、禁止、指令、提示类型的顺序，先左后右、先上后下排列。

（5）安全标识标牌应经常进行检查，如发现破损、变形、褪色等不符合要求的情况时，须及时修整或更换。

8.2 禁止标志

禁止标志为禁止人们不安全行为的图形标志。禁止标志牌的基本形式为白色长方形衬底，涂写红色圆形带斜杠的禁止标志，辅以文字说明。禁止内容可根据项目现场需要设定。

现场禁止标志牌示例

8.3 警告标志

警告标志为警告人们对周围环境引起注意，以避免可能发生的危险的图形标志。警告标志牌的基本形式为白色长方形衬底，涂写黄色正三角形及黑色标识符警告标志，辅以文字说明。警告内容可根据项目现场需要设定。

现场警告标志牌示例

8.4 指令标志

指令标志为强制人们必须做出某种动作或采取防范措施的图形标志。指令标志牌的基本形式为白色长方形衬底，涂写蓝色图形标志，辅以文字说明。指令内容可根据项目现场需要设定。

现场指令标志牌示例

8.5 安全提示标志

安全提示标志为向人们提供某种信息（如标明安全设施或场地等）的图形标志。安全提示标志牌的基本形式为绿色正方形，标识符为白色，辅以文字说明。安全提示内容可根据项目现场需要设定。

现场安全提示标志牌示例

9 现场安装样板

安装样板相关介绍见第 2.1.2 节。

9.1 管道安装样板

消防管道安装工艺

管道安装样板

9.2 风管安装样板

复合（镀锌）风管安装工艺

____

____

____

____

____

____

____

风管安装样板

9.3 电气井道安装样板

电气井道安装工艺

____

____

____

____

____

____

____

电气井道安装样板

9.4 管道井道安装样板

管道井道安装工艺

____

____

____

____

____

____

____

管道井道安装样板

9.5 配电（控制）箱安装样板

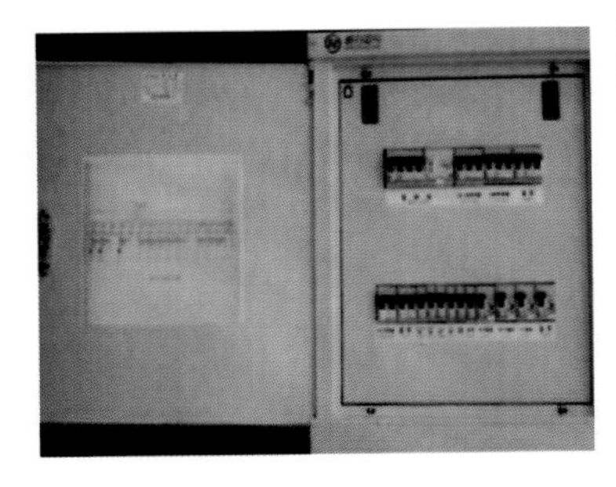

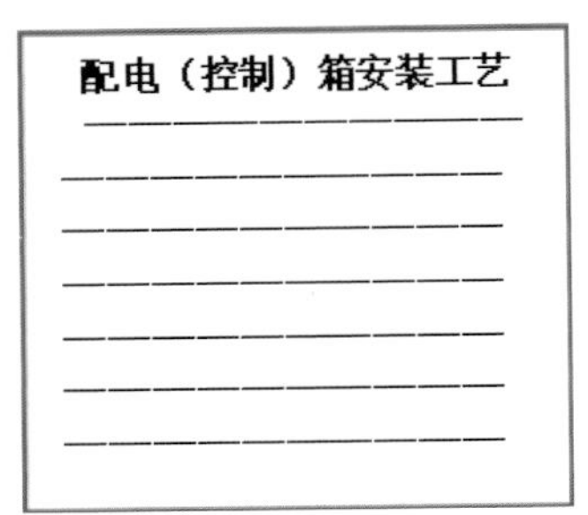

配电（控制）箱安装样板

9.6 桥架安装样板

桥架安装工艺

桥架安装样板

9.7 消火栓（箱）安装样板

消火栓箱安装工艺

消火栓（箱）安装样板

9.8 消防探头安装样板

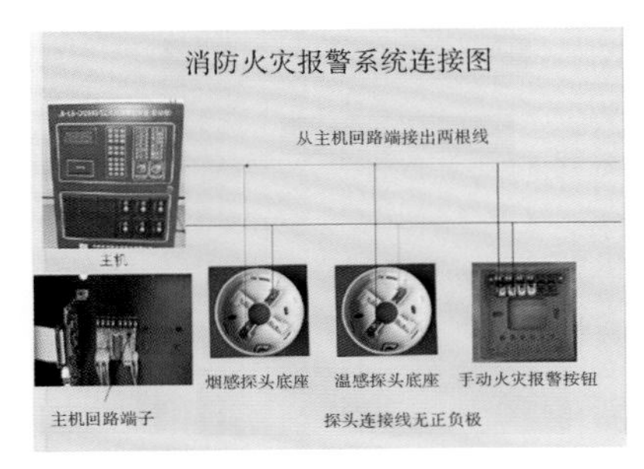

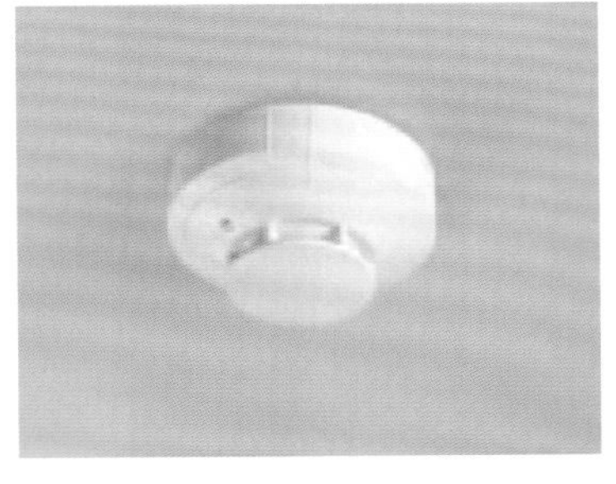

消防探头安装工艺

消防探头安装样板

10 现场员工着装及安全防护

进入施工现场的人员必须佩戴安全帽。作业人员必须佩戴安全帽，穿工作鞋和工作服，应按作业要求正确使用劳动防护用品。在 2m 及以上的无可靠安全防护设施的高处、悬崖和陡坡作业时，必须系挂安全带。

10.1 安全帽

（1）所有进入施工现场的人员必须正确佩戴安全帽，系好下颏带。

安全帽正确佩戴示范

（2）为确保安全帽的质量，安全帽由公司统一集中采购，规定酒红色安全帽为项目部经理佩戴，红色安全帽为项目管理人员佩戴，白色安全帽为项目安全员佩戴，蓝色安全帽为项目电工佩戴，黄色安全帽为项目施工人员佩戴。

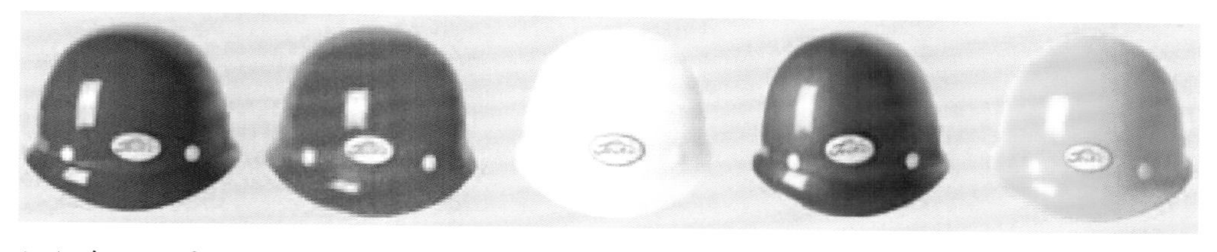

酒红色：领导　红色：管理　白色：安全　蓝色：电工　黄色：施工

（3）在施工现场大门入口处，挂设“进入施工现场必须戴安全帽”的有头像的安全警示标志牌，

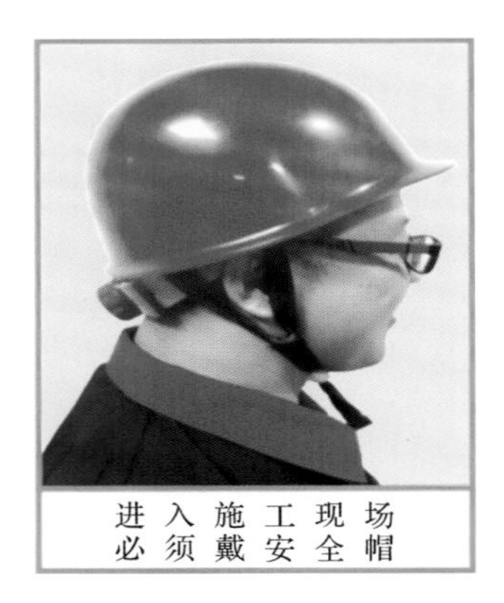

施工现场入口安全警示牌

10.2 工作服、胸卡

（1）项目管理人员、施工人员着装统一，佩戴胸卡，体现公司正规化管理及职业化素养，这也是展现公司整体实力的窗口。

（2）现场工作服、胸卡由公司办公室统一定制，项目部按需领用。

工作服着装示范

10.3 胸卡

胸卡是挂在胸前以表示工作身份的卡片，胸卡正面注明公司名称及 LOGO、姓名、项目部、班组，胸卡背面注明身份证号、血型、进场时间。胸卡采用别针固定在工作服左胸部位置。

××建设安装工程集团有限公司

姓名：________ 照片

班组：________

项目：________

身份证号：

血　型：

进场时间：________年____月____日

胸卡示意（左：正面，右：背面）

10.4 安全带

（1）现场施工人员登高作业（高度超过 2m）时，必须系挂安全带，这是个人安全防范的重要措施，亦能显示公司项目现场管理的规范性。

（2）采购安全带必须认定国家检测合格的产品。

（3）安全带必须按使用说明书正确佩戴，使用时必须高挂低用。

正确使用安全带示范

11 售后服务

本着为客户做好服务的公司宗旨，公司承接的消防工程项目竣工交付前，根据设计原理图，制作消防系统图版及消防控制室相关管理制度图版，在项目消防控制室内挂墙展示，协助客户做好日常消防巡检工作，亦可展示公司业绩。

11.1 消防系统图版

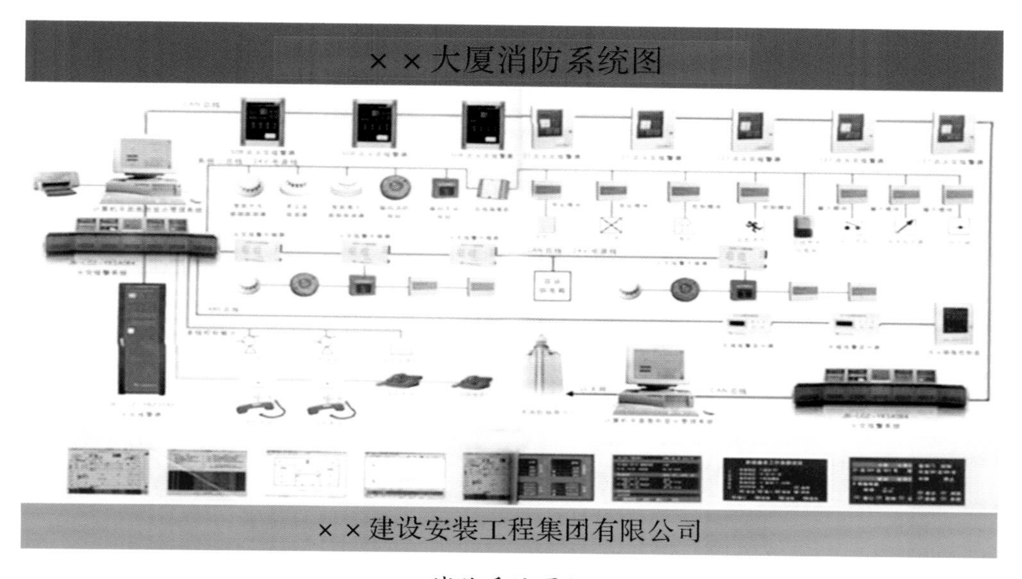

消防系统图版

11.2 消防控制室相关管理制度图版

消防控制室管理及应急程序

（一）消防控制室必须实行每日24小时专人值班制度，每班不应少于2人。

（二）消防控制室的日常管理应符合《建筑消防设施的维护管理》（GA587）的有关要求。

（三）消防控制室应确保火灾自动报警系统和灭火系统处于正常工作状态。

（四）消防控制室应确保高位消防水箱、消防水池、气压水罐等消防储水设施水量充足；确保消防泵出水管阀门、自动喷水灭火系统管道上的阀门常开；确保消防水泵、防排烟风机、防火卷帘等消防用电设备的配电柜开关处于自动（接通）位置。

（五）接到火灾警报后，消防控制室必须立即以最快方式确认。

（六）火灾确认后，消防控制室必须立即将火灾报警联动控制开关转入自动状态（处于自动状态的除外），同时拨打"119"火警电话报警。

（七）消防控制室必须立即启动单位内部灭火和应急疏散预案，并应同时报告单位负责人。

××建设安装工程集团有限公司

消防安全巡查制度

一、单位负责人负责消防安全管理工作，积极落实开展本单位的防火巡查工作。

二、巡查人员对巡查情况要作详细记录，由巡查人员及其主管人员签字。

三、安全疏散通道以及消防设备运行情况必须每日巡查（歌舞娱乐放映游艺场所营业期间应当每班巡查至少每二小时一次），并结合实际组织夜间防火巡查。

四、单位的重点部位应列入每日防火巡查内容，并建立消防安全重点部位防火巡查档案，确保重点部位消防安全。

五、对巡查中发现的火灾隐患要及时消除，无法立即消除的，要及时报告，发现初期火灾要立即报警并及时组织扑救。

六、巡查人员要严格遵守的那位的各项规章制度，巡查期间不得擅自离岗或做与本岗无关之事。

××建设安装工程集团有限公司

消防设施器材维护管理制度

（一）为保证消防设施设备的正常运行，必须加强日常的消防设施设备维修保养工作。

（二）消防设施必须经具有资质的检测机构检测合格，并经消防验收合格。

（三）配备责任心强、具有较高专业知识人员负责消防设施设备的维修保养工作，其它无关人员不得随意维修保养消防设施设备。

（四）消防值班人员应每日对消防控制设备进行检查，发现异常情况立即通知维护人员处理，并做好记录。

（五）委托具有消防设施维护保养能力的单位，定期对消防设施设备维护保养出具月报告书。

（六）定期将火灾探测器送专业清洗维护部门进行一次全面清洗。

（七）对消防设施设备按照规定时间进行维修保养。

（八）未经消防管理人员允许，任何人不得擅自挪用消防器材，或变更摆放位置。

（九）故意毁坏消防设施或器材的行为要严肃处理，除赔偿罚款以外，要追究行政责任乃至法律责任。

××建设安装工程集团有限公司

消防控制室值班人员职责

（一）负责对消防控制设备的监视和运用，不得脱岗，擅离职守。

（二）熟悉本单位所采用消防设施系统基本原理、功能，熟练掌握操作技术，保证设备正常运行。

（三）对火警信号应立即确认，及时、准确启动有关消防设备，火警确认后，应立即向119报警并向消防主管人员报告，随即启动灭火及应急疏散预案。

（四）对消防控制室设备及通讯器材等要进行经常性的检查，定期做好系统功能试验，对消防设施故障应及时排除，不能及时排除的应向消防主管人员报告。并协助技术人员进行修理、维护，不得擅自拆卸、挪用或停用，确保消防设施各系统运行状况良好。

（五）认真记录报警控制器日运行情况，每日检查火灾报警控制器的自检、消音、复位功能以及主备电源切换功能，认真填写值班记录及系统运行登记表和控制器日检登记表，做好交接班工作。

（六）认真学习消防法律法规，各项规章制度，积极参加消防专业培训，不断提高业务素质。

××建设安装工程集团有限公司

防火巡查制度

一、单位责任人负责消防安全管理工作，积极落实开展本单位的防火巡查工作。

二、巡查人员对巡查的情况要作详细记录，由巡查人员及其主管人员签字。

三、安全疏散通道以及消防设备运行情况必须进行每日巡查，并结合实际组织夜间防火巡查。

四、单位的重点部位应列入每日巡查内容，并建立消防安全重点部位防火巡查档案，确保重点部位消防安全。

五、对巡查中发现的火险隐患要及时纠正，妥善处置，无法当场处置的，要立即报告，发现初起火灾要立即报警并及时组织扑救。

六、巡查人员要严格遵守单位的各项规章制度，巡查期间不得擅自离岗，不准睡觉及做与本岗无关之事。

××建设安装工程集团有限公司

消防安全告知书

为了您的消防安全，按照《中华人民共和国消防法》的有关要求，请您注意以下事项：

一、本企业为人员密集场所，着火源多，可燃材料多，请您留意企业内的疏散通道和安全出口。

二、请您不要在企业内吸烟，不要携带易燃易爆物品。

三、请您不要在企业内使用明火，不要燃放各类烟花。

四、请勿将您的物品放于防火卷帘下。

五、请您爱护消防设施，器材。如发现以上行为，请您与我们联系。

电话：

××建设安装工程集团有限公司

消防安全承诺书

本企业为人员密集场所，可燃易燃物多、用电量大、人员集中，一旦发生火灾疏散困难，易造成群死群伤。

为确保公共消防安全，本企业承诺做到：

1.企业已严格依法办理消防安全手续。

2.不违规用火用电用油用气。

3.确保消防设施器材完好有效。

4.在营业期间确保疏散通道和安全出口畅通。

5.落实严格的防火检查、巡查和应急预案制度。

以上若有违反，请您监督并向公安消防部门举报，同时也请你配合我单位做好消防安全管理。

监督举报电话：96119。

承诺单位：

消防安全责任人：

××建设安装工程集团有限公司

四个能力建设四懂四会

四懂

1. 本岗位火灾的危险性
2. 懂得预防火灾的措施
3. 懂得扑救火灾的方法
4. 懂得逃生的方法

四会

1. 会使用消防器材
2. 会报火警119
3. 会补救初起火宅
4. 会组织疏散逃生

××建设安装工程集团有限公司

消防安全三提示

安全提示

提示一：您所在场所人员比较密集，可燃易燃物多，用电量大，人员集中，一旦发生火灾疏散困难，易造成群死群伤。

提示二：请你注意所在场所的安全逃生路线和安全出口具体位置，遇到火灾等紧急情况，按指示图方向疏散，并保持冷静立即采取以下措施：

1. 请立刻疏散至安全出口，并沿楼梯疏散；请不要乘坐电梯。

2. 如受烟气威胁，请将衣物或毛巾打湿，捂住口鼻低姿前进，以防吸入烟气。

提示三：请您注意所在场所消防设施器材的放置位置，遇到火灾等紧急情况时，请正确使用灭火，逃生设备。

××建设安装工程集团有限公司

消防控制室管理图版示范